Carolin Caprano

EM für Tiere

Anwendungsgebiete der **Effektiven Mikroorganismen**

crotona

Es ist natürlich selbstverständlich, dass bei ernsthaften Erkrankungen ärztliche Hilfe unumgänglich ist. In einem solchen Fall kann eine Selbstbehandlung sogar lebensgefährlich werden.
Was hier gesagt und geraten wird, soll also keinesfalls den Arzt oder Heilpraktiker ersetzen, sondern es will vielmehr das Allgemeinwissen und den Wert natürlicher Heilkräfte erweitern, damit man sich bei Bedarf mit einfachen, natürlichen Mitteln selbst helfen kann.
Die Autorin und der Verlag können jedoch keine Haftung für Folgen aus dem richtigen oder unrichtigen Gebrauch der hier dargestellten Methoden und Rezepte übernehmen.

Deutsche Originalausgabe
1. Auflage 2018

Voglherd 1 • D-85567 Grafing

Umschlaggestaltung: Annette Wagner
Bildnachweise: © shutterstock.com und Carolin Caprano
Druck: Finidr

ISBN 978-3-86191-093-0

Inhalt

Vorwort 5

1 Grundlagen

Die Geschichte der Effektiven Mikroorganismen 9

Was sind Effektive Mikroorganismen 14

Einsatzgebiete damals und heute 18

2 Darreichungsformen der EM

EM Urlösung 21

EMa 22

(Futter-)bokashi 22

EM Keramik Pipes 24

EM Keramik 26

Weitere Darreichungsformen 26

3 Herstellung und Handhabung

EMa und Bokashi selbst ansetzen 29

Lagerung und Haltbarkeit 37

Dosierung 38

4 Allgemeine Einsatzgebiete der EM bei Tieren

„Die Sache mit dem großen Geschäft“: Regulierung der Magen-Darmflora 43

„Von guten und schlechten Fressern“: Steigerung der Futteraufnahme und -verwertung 53

„Stopp dem Mief“: Neutralisierung von schlechten Gerüchen 60

„Was glänzt denn da?“: Haut- und Fellpflege mit EM 64
„Blitzeblank“: Stall-, Käfig- und Umgebungsreinigung 67
„Das Tapfere Schneiderlein“: Weniger Fliegen im Stall 74
„Lebenselexier Wasser“: Wie man mit EM das Trinkwasser aufwerten kann 76

5 Erste Hilfe von A – Z für Tiere mit EM
Allergie 82
Augenentzündung 85
Blasenentzündung 88
Durchfall 90
Ektoparasiten 93
Endoparasiten 99
Hautpilz 102
Infektanfälligkeit 105
Mauke bei Pferden 106
Ohrenentzündungen 110
Strahlfäule bei Pferden 113
Verstopfung 115
Wundbehandlung 118
Zahnprobleme 120

Nachwort 125
Lexikon 127
Bezugsquellen 135
INDEX 136
Über die Autorin 141

Vorwort

Mikroorganismen sind die Gesamtheit aller Kleinstlebewesen, die man mit bloßem Auge nicht erkennen kann. Sie werden also nur unter dem Mikroskop sichtbar.

Dabei stellen sie aber keine einheitliche Gruppe dar, sondern unterscheiden sich zum Teil sogar extrem.

So zählen zu den Mikroorganismen sowohl die Bakterien als auch viele Pilze, die Protozoen und teilweise auch Algen. Sie alle sind zwar wenig- oder einzellig, besitzen deshalb aber trotzdem noch einen eigenen Stoffwechsel. Zellen sind die kleinste lebensfähige Einheit in einem Organismus.

Das unterscheidet die eben genannten Mikroorganismen zum Beispiel auch von den Viren, die keinen eigenen Stoffwechsel besitzen und zur Vermehrung immer auf einen Wirt angewiesen sind.

Auf unserem Planeten Erde waren auch die Mikroben die ersten, die alles besiedelt und dafür gesorgt haben, dass weiteres Leben entstehen kann. Umso wichtiger ist es auch zu verstehen, dass unsere Erde und die Mikroben in einer engen Symbiose existieren und das empfindliche Gleichgewicht nicht gestört werden sollte. Unter all den vielen Mikroben gibt es sowohl wichtige physiologische als auch pathogene (krankmachende) Mikroben. Wird das Gleichgewicht dieser Mikroorganismen durch schädliche Umwelteinflüsse gestört, so hat die krankmachende Flora ein leichteres Spiel, sich ungehindert zu vermehren.

Dieses Buch soll sich damit beschäftigen, wie speziell Tierhalter mit Hilfe der Effektiven Mikroorganismen sowohl im Haushalt als auch bei der Pflege und der Fütterung wertvolle Unterstützung bekommen können, ohne immer gleich auf chemische Mittel oder schulmedizinische Medikamente zurückgreifen zu müssen.

Natürlich lässt sich der Einsatz von „Chemie" nicht immer völlig vermeiden. Auch die Schulmedizin hat ihre Berechtigung und leistet vor allem in Notfallsituationen einen wichtigen Dienst. Manchmal benötigt ein Tier, beispielsweise aufgrund einer schweren Infektion, ein Antibiotikum. Dieses ist in der Lage (wenn genau auf die Erkrankung abgestimmt), krankmachende Bakterien zu töten. Aber natürlich ist es nicht in der Lage, zwischen diesen krankmachenden Keimen und den physiologischen Mikroben zu unterscheiden, so dass erst einmal alles zerstört wird.

Hilft man nun nicht der physiologischen Flora, sich schnell zu regenerieren und neu zu besiedeln, kommt es leider oft zu Rezidiven einer Erkrankung.

Auch sollte man bestrebt sein, das Immunsystem unserer tierischen Schützlinge grundsätzlich so fit zu halten, dass es möglichst erst gar nicht zu einer Erkrankung kommt.

In den meisten Haushalten sind Tiere wirklich vollständige Familienmitglieder. Wir Menschen wissen zu schätzen, was ein Tier uns an

Liebe und Vertrauen entgegenbringt und sind deshalb bestrebt, ihm alle seine natürlichen Bedürfnisse zu erfüllen. Wir tragen die Verantwortung für unsere Haustiere wie Pferde, Hunde, Katzen, Kaninchen und Co. und müssen demzufolge dafür sorgen, sie so artgerecht und natürlich wie möglich zu halten, zu füttern und zu pflegen.

Durch den Einsatz der Effektiven Mikroorganismen können Sie diesem Ziel ein Stück näher kommen, und so wünsche ich Ihnen nun viel Spaß beim Lesen!

Carolin Caprano

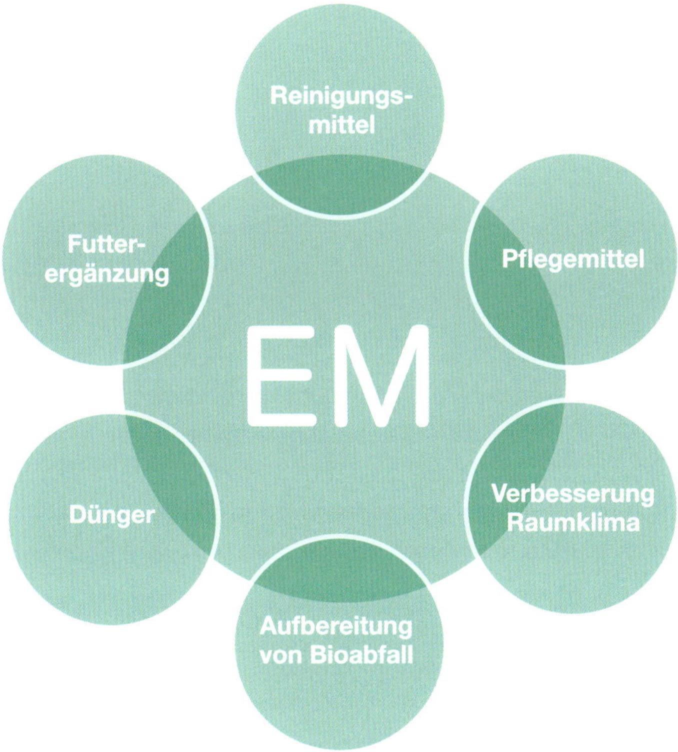
Reinigungs-
mittel
Futter-
ergänzung
Pflegemittel
EM
Dünger
Verbesserung
Raumklima
Aufbereitung
von Bioabfall

1

Grundlagen

Dieses Kapitel ist dafür da, Ihnen, liebe LeserInnen, einen Einblick zu geben, wie und wo die Effektiven Mikroorganismen ihren „Siegeszug" begannen und so den Anwendern bekannt und zugänglich wurden. Auch auf diesem Gebiet, wie bei so vielen anderen Dingen, beginnt alles mit einer Idee beziehungsweise einer Entdeckung, aus der sich viele weitere Möglichkeiten entwickelt haben. Die Abkürzung EM, die auch in diesem Buch häufig benutzt wird, steht für „Effektive Mikroorganismen". Darunter fallen verschiedenste Anwendungsformen und -Methoden, die jedoch wiederum alle unter dem Überbegriff EM-Technologie zusammengefasst werden können.

Die Geschichte der Effektiven Mikroorganismen

In unserer heutigen modernen Zeit der Industrialisierung, einem etwas aus dem Gleichgewicht geratenen Verständnis zum Umgang mit Arznei- und Desinfektionsmitteln und einer sehr intensiv betriebenen Landwirtschaft, ist gleichzeitig auch etwas mit unserer Natur geschehen. Viele natürliche Kreisläufe der Natur können nicht mehr einwandfrei funktionieren, weil der Mensch sie gestört hat; und während man versucht, diese Störungen mit zweifelhaften Mitteln zu beheben, wird es am Ende manchmal sogar eher schlechter als besser. Es kann nicht unser Verständnis sein, Natur mit unnatürlichen Mitteln wieder ins Gleichgewicht bringen zu wollen. Nur mit der Natur kann die Natur funktionieren, und dazu müssen wir Menschen wieder zu diesem ursprünglichen Gedanken zurückfinden.

Übertriebene Hygiene ist nicht die Lösung des Problems von pathogener Bakterienflora, die uns überall in unserem Alltag begleitet. Aber warum ist das so?

Beginnen wir mit unserem eigenen Organismus: Unserem Körper.

Auch auf und in unserem Körper siedeln zahlreiche Mikroorganismen. Vor allem unser Darm ist eine Herberge für zahlreiche nützliche und vor allem lebensnotwendige Mikroorganismen. Wir brauchen diese physiologischen Bakterien, damit wir funktionieren. Allerdings gibt es auch schädliche Bakterien. Ein gesunder Organismus kann sich aber normalerweise gegen eine gewisse Anzahl an krankmachenden Bakterien selbst gut zur Wehr setzen. Dafür haben Mensch und Tier ein ausgeklügeltes Abwehrsystem, das sogenannte Immunsystem. Es bekämpft alles, was für den Körper schädlich sein kann. Für einen schwachen Organismus aber können Keime auch zum Problem werden. Nehmen diese überhand und kann das Immunsystem seinen Aufgaben nicht mehr in vollem Umfang nachkommen, dann werden wir krank. Genauso geschieht das auch bei unseren Tieren.

Heutzutage greifen viele Ärzte und Tierärzte dann gerne zu sogenannten Antibiotika (anti = „gegen" und bios = „Leben"). Antibiotika sollen die pathogenen, also krankmachenden Keime zerstören. Wir „desinfizieren" uns also in gewisser Weise von innen damit. Antibiotika können aber nicht zwischen guten und schlechten Keimen unterscheiden, und so wird einfach alles zerstört. Natürlich ist dieses Prinzip in lebensbedrohlichen Fällen unumgänglich, aber leider wird oft viel zu schnell zu diesen schweren Geschützen gegriffen, und es gäbe eigentlich alternative Möglichkeiten zur Behandlung. Der von Bakterien „befreite" Organismus ist nun erst einmal ungeschützt.

Helfen wir ihm jetzt nicht, dann kommt es häufig zu Rezidiven einer Erkrankung, da krankmachende Keime nun völlig ungehindert wieder ihren Platz erobern können. Die natürliche und gesunde Keimflora fehlt, um der schlechten den Zutritt zu verwehren.

Genauso ist es mit unserer Umgebung. Oberflächen aller Art, die mit Desinfektionsmitteln behandelt wurden, werden oft auffällig schnell wieder von einer schlechten Keimflora befallen. Je öfter ich also etwas desinfiziere und damit auch alle guten Keime töte, umso einfacher hat es die negative Flora, von diesem Territorium im Anschluss wieder Besitz zu ergreifen. Dieses Prinzip kann nun immer weiter verfolgt werden, bis hin zu Gewässern und Ackerböden der Landwirtschaft.

Nur auf einem gesunden und fruchtbaren Boden kann später auch eine gesunde Pflanze wachsen und ist dann von grundlegender Bedeutung für Menschen und Tiere.

Anbau von Futterpflanzen bezeichnet man in der Landwirtschaft als „Futterbau". Zum einen sprechen wir dabei von ein- bis mehrjährigem Futteranbau (z.B. Mais) auf Ackerflächen, zum anderen von der Nutzung von Grünlandflächen zur Bereitstellung von Futter in Form von Wiesen, Weiden und Mähweiden.

Der Gehalt an Inhaltsstoffen solcher Futtermittel unterscheidet sich dann, je nachdem wo das Anbaugebiet liegt, welche Jahreszeit gerade ist, nach Aufschnitt und nach Art der Düngung, die genutzt wurde.

Besonders die Art der Düngung spielt eine entscheidende Rolle. Die Düngung dient der Ernährung von landwirtschaftlichen Kulturpflanzen. Sie sollen so mit allen wichtigen Nährstoffen versorgt werden. Außerdem dient das Düngen dem Erhalt und der Verbesserung der Fruchtbarkeit eines Bodens.

Was sind typische Düngemittel in der heutigen Landwirtschaft?

- tierische Ausscheidungen (Gülle, Stallmist)
- aerob behandelte pflanzliche Bioabfälle (Kompost)
- anaerob vergorene Pflanzen (Gärrest)
- natürlich vorkommende Mineralstoffe (z.B. Kali, Phosphor, Kalk)
- synthetisch hergestellte Düngemittel (Harnstoff)
- Bodenhilfsstoffe (Gesteinsmehle)
- Pflanzenhilfsmittel
- Kultursubstrate (Blumenerden)

Ein Mangel an essenziellen Nährstoffen führt zu Ertrags- und Qualitätsminderungen; aber auch eine sogenannte „Überdüngung" kann wirtschaftliche Nachteile mit sich bringen und zieht eventuell Nährstoffverluste in der Umwelt nach sich.

Dieses Thema beschäftigte den japanischen Agrarwissenschaftler Professor Teruo Higa, und er begann vor etwa dreißig Jahren mit seinen Forschungen. Seine Idee war es, die Qualität der Böden mit Hilfe von natürlichen Mikroorganismen zu verbessern.

Wer ist Teruo Higa?

Professor Teruo Higa wurde 1941 auf den Ryukyu-Inseln, Okinawa, Japan, geboren und graduierte an der agrarwissenschaftlichen Fakultät der staatlichen „University of the Ryukyus“. Im Anschluss promovierte er an der landwirtschaftlichen Forschungsabteilung der staatlichen Kyushu-Universität.

1970 wurde er Dozent und 1972 außerordentlicher Professor an der Universität Ryukyu und übernahm im Jahre 1982 eine Professur für Gartenbau an der agrarwissenschaftlichen Fakultät der Universität Ryukyu.

Professor Higa suchte also nach einer Möglichkeit für alternative Anbaumethoden, die für die Umwelt und auch den Menschen weniger belastend sein sollten als der bis dato praktizierte Einsatz von Mineraldüngern und chemischen Pflanzenschutzmitteln.

Dazu forschte er mit verschiedenen Mikroorganismen. Diese Mikroorganismen waren vor allem Photosynthese-Bakterien und Hefen, aber auch Mikronährstoffe und Hormone. Zunächst kamen dabei nur einzelne Stämme der Mikroben zum Einsatz. Wenn auch vor allem die Experimente mit den Photosynthese-Bakterien schon sehr vielversprechend waren, blieb insgesamt der gewünschte Erfolg noch aus. Erst eine Kombination aus verschiedenen Mikroorganismen, die sich gegenseitig unterstützen konnten, brachte den Durchbruch bei seinen Forschungen. Nun galt es noch herauszufinden, welche Kombinationen sich als die „effektivsten“ erweisen würden. Letztendlich schaffte Teruo Higa es, eine stabile Mischung aus über achtzig unterschiedlichen Mikroorganismen zu definieren, die sichere und reproduzierbare Ergebnisse liefern konnten. Dies war die Geburtsstunde der „Effektiven Mikroorganismen".

Heutzutage enthalten die Urlösungen der EM deutlich weniger Stämme an Mikroorganismen, da Higa nach und nach Mikrobenstämme entfernen konnte, ohne die Wirkung der Mischung dadurch zu beeinträchtigen. Seine Idee dahinter war, dass die Herstellung der EM einfacher sein und man sie auch überall auf der Welt entsprechend reproduzieren können sollte.

Was genau die Effektiven Mikroorganismen, beispielsweise die Urlösung, nun sind, damit wird sich das folgende Unterkapitel weiter beschäftigen.

Was sind Effektive Mikroorganismen?

Mikroorganismen besiedeln schon seit Urzeiten unseren Planeten und waren sozusagen die ersten „Bewohner" unserer Erde. Diese Mikroben sind sehr vielfältig und völlig unterschiedlich und sorgen dafür, dass jedes Milieu und alle Vorgänge in unserer Natur letztlich im Gleichgewicht bleiben.

Professor Teruo Higa entwickelte auf Grundlage seiner Forschungen die Theorie des „Dominanzprinzips", denn die Symbiose vieler einzelner Mikroorganismen hat eine starke Wirkung zur Folge und diese erfolgt nach genau diesem Dominanzprinzip. Higa stellte die Theorie auf, dass die Mikroorganismen (in ihrer Gemeinschaft) in insgesamt drei Gruppen eingeteilt werden können:

- Aufbauende Mikroorganismen
- Mikroorganismen, die krankheits- und fäulniserregend sind
- Sogenannte „Mitläufer", also neutrale Mikroorganismen

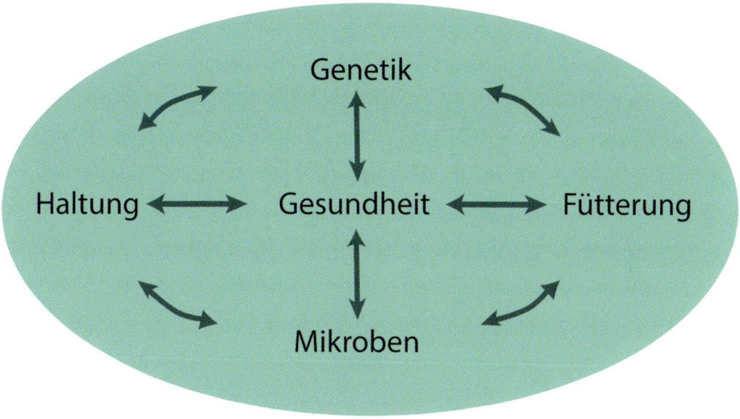

Wir erinnern uns an den Anfang des Kapitels, in dem es darum ging, wie physiologische und pathogene Keime sich die Waage halten oder im Normalfall eine von beiden Seiten überwiegt. Beim Dominanzprinzip geht es genau darum. Wenige, spezielle Mikrobenstämme bestimmen am Ende, ob ein Milieu oder eine Bakterienflora zum positiven oder negativen hin überwiegt. Unter „positiv" versteht man dabei regenerierende, aufbauende und belebende Vorgänge; unter „negativ" dagegen degenerative, abbauende und krankmachende Abläufe. Die neutralen Mikroorganismen unterstützen dabei immer die dominierende Gruppe.

Mit Hilfe von den Effektiven Mikroorganismen kann nun aber etwas ganz wunderbares passieren: Besteht ein negatives Milieu und fügt man diesem nun die EM hinzu, so können diese in Dominanz gehen. Die neutralen Mikroorganismen unterstützen nun diese dominanten Mikroben, und ein vormals negatives Milieu kann in ein positives umgewandelt werden. Dieses Prinzip gilt für uns Menschen, für unsere Tiere und unsere Umwelt.

Ein weiteres Prinzip ist das Fermentationsprinzip. Das bedeutet, mit Hilfe von mikrobiellen Prozessen können „Abfallstoffe" aufgeschlossen werden und in vielen Fällen entsprechend abgebaut und sogar wieder zu nützlichen Stoffen umgebaut werden.

Doch noch immer ist nicht ganz geklärt, wer oder was diese Effektiven Mikroorganismen nun überhaupt sind.

Effektive Mikroorganismen in Form von sogenannten EM-Grundmischungen sind zunächst einfach eine braune, aromatisch riechende und schmeckende Flüssigkeit. Diese besteht vor allem aus Milchsäure- und Photosynthese-Bakterien sowie fermentaktiven Pilzen. In dieser Lösung können erstaunlicherweise sowohl anaerobe (ohne Sauerstoff gärende) und aerobe (Sauerstoff brauchende) Mikroorganismen gleichermaßen existieren.

Milchsäurebakterien fermentieren organisches Material und produzieren organische Säuren. Diese hemmen das Wachstum von pathogenen Keimen. Ihren Einsatz finden sie vor allem in der Herstellung von Joghurt und eingelegtem Gemüse, wie etwa Sauerkraut.

Hefen fermentieren organisches Material, produzieren Aminosäuren und Vitamine. Verwendung finden sie zum Beispiel bei der Herstellung von Brot oder Bier.

Photosynthese-Bakterien gehören zu den ältesten Lebensformen auf unserem Planeten. Ihre Stoffwechselprodukte helfen vor allem, das Gleichgewicht zwischen anderen Mikroorganismen stabil zu halten. Sie können aus organischem Material, aber auch schädlichen Gasen wieder nützliche Substanzen wie beispielsweise Aminosäuren und Nukleinsäuren herstellen.

Fermentaktive Pilze zersetzen organisches Material. Bei diesem Vorgang entstehen Produkte wie Alkohol, Ester und antimikrobielle Stoffe. Dadurch können auch schlechte Gerüche unterdrückt werden.

Die meisten dieser Mikroorganismen sind also eigentlich vielen von uns nicht unbekannt. Sie werden für die Herstellung von Lebensmitteln verwendet oder kommen darin vor (so z.B. bei der Herstellung von Sauerkraut, Joghurt und Bier).

Wenn eine Mikrobenmischung aus natürlich vorkommenden (also nicht genetisch veränderten) Mikroorganismen mit organischem Material zusammengebracht wird, dann produzieren sie eine Fülle nützlicher Substanzen. Diese Substanzen sind zum Beispiel Vitamine, organische Säuren, mineralische Chelatverbindungen (Komplexverbindungen) und unterschiedliche Antioxidantien (niedermolekulare Gruppen oder Enzyme, die den Organismus vor reaktiven Sauerstoffspezies und damit vor oxidativem Stress schützen sollen).

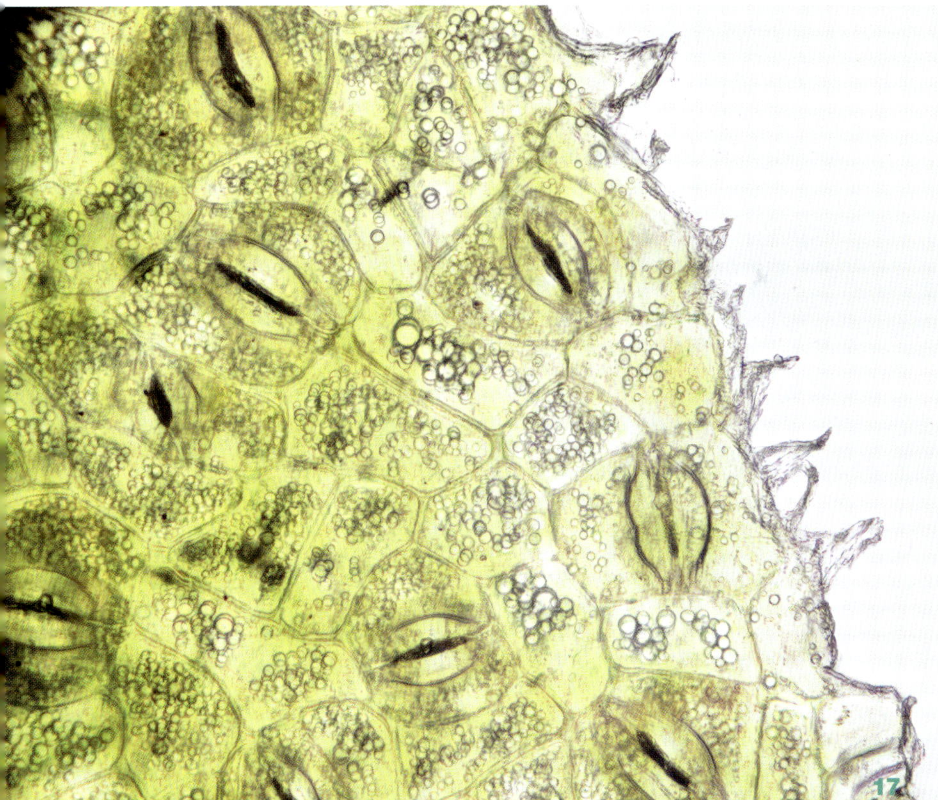

Einsatzgebiete damals und heute

Wie aus den vorangegangenen Unterkapiteln schon hervorgegangen ist, erzeugt die Symbiose der Mikroorganismen sehr starke erneuerbare Kräfte und kann ein Milieu zum positiven hin verändern. Diese Wirkung können wir uns zu Nutze machen, und so werden die Effektiven Mikroorganismen in der heutigen EM-Technologie zur praktischen Anwendung gebracht.

- Ursprünglicher Einsatz: Bodenverbesserungsmittel in Landwirtschaft und Gartenbau
- Heutiger Einsatz: Weltweit in vielen Bereichen von Landwirtschaft, Umwelt, Gesundheit und Industrie.

Zunächst entwickelte sich die Idee aus dem Bedürfnis heraus, umweltschonende und nachhaltige Verfahren für die Bodenverbesserung zu erzeugen. Entsprechend wurden die EM zunächst auch hauptsächlich auf diesem Gebiet angewendet – und das mit Erfolg.

EM-Produkte fördern beim Einsatz in der Landwirtschaft eine schnelle Vermehrung von nützlichen Mikroorganismen. Gesunde Böden entstehen durch die Verbesserung der Umsetzung der organischen Abfälle im Boden und schaffen damit gute Wachstumsbedingungen für Pflanzen. Auf diese Weise sind gute Erträge auch ohne den Einsatz von sonstigen Hilfsmitteln möglich. EM erzeugt ein mikrobielles Gleichgewicht, indem die erwünschten Mikroben wieder die Dominanz übernehmen und möglicherweise pathogene Mikroben auf das notwendige Maß beschränkt werden.

Diesen Erfolg möchte man sich natürlich auch auf anderen Gebieten zu Nutze machen. Was in der Landwirtschaft funktionierte, kann auch im heimischen Garten hilfreich sein. Ebenso können die EM im Haushalt eine chemiefreie Alternative sein, und der exzessive Einsatz von Desinfektionsmitteln kann dadurch immens reduziert werden.

Für die Tierhaltung (und auch Tierzucht) bedeutet der Einsatz von EM, dass ein gesundes Umfeld erzeugt werden kann. Dabei wird vor allem ein verminderter Einsatz von Antibiotika und Chemikalien erreicht.

Mit EM fermentierte organische Materialien tragen auch als Futterzusatz zur Tiergesundheit bei. Organische Abfälle werden durch die schon erläuterte Fermentation mit EM wieder in „Wertstoffe" umgewandelt (anstatt zur Fäulnis), so zum Beispiel tierische Abfälle, Hausmüll, Kompost und Abwässer. Bei diesem Prozess werden sogar unangenehme und/oder schädliche Gerüche zurückgedrängt.

In Gewässern beschleunigen die Effektiven Mikroorganismen den Abbau von abgestorbenen organischen Materialien in Sedimenten („Bodensatz") und verbessern somit die Wasserqualität.

Diese aufbauenden, regenerativen und fermentierten Mikroorganismen und ihre antioxidativen Stoffwechselprodukte sind so die Basis für:

- **natürliches und gesundes Wasser,**
- **natürliche und gesunde Böden,**
- **natürliche und gesunde Pflanzen, und damit auch**
- **gesunde Tiere und Menschen.**

2

Darreichungsformen der EM

Alle Darreichungsformen der Effektiven Mikroorganismen basieren letztlich auf der Urlösung, auch Grundlösung genannt. Mithilfe der Grundlösung können dann alle weiteren Produkte hergestellt werden, die mit den EM arbeiten. Deshalb beginnen wir nun zunächst mit der Erläuterung dieser Grundlösung.

EM Urlösung

Effektive-Mikroorganismen in der Ur- beziehungsweise Grundlösung sind ein flüssiges Multi-Mikroben-Präparat und offiziell ein Hilfsmittel zur Verlebendigung des Bodens (Bodenhilfsstoff). Optisch ist es eine gelbbraune Flüssigkeit mit leicht säuerlichem Geruch.

Diese Urlösung EM besteht also aus einer Mischkultur von nützlichen, effektiven, für Mensch, Tier, Pflanze und Umwelt völlig unschädlichen Mikroorganismen, die sich weltweit in natürlicher Umgebung nachweisen lassen. Die Urlösung soll die Keimung und Wurzelbildung fördern, ebenso wie den Fruchtansatz und die Reifung von Pflanzen. Der Zustand des Bodens kann deutlich verbessert und die Kompostierung beschleunigt werden.

Die EM Urlösung kann eigentlich auch schon direkt genutzt werden, die Mikroben sind hierin jedoch noch wenig aktiv (man könnte sagen, sie „schlafen" noch). Dafür verbrauchen sie aber auch fast keine Energie.

EMa

Das „a“ in EMa steht für „aktiviert“ und wird mit Hilfe der Grundlösung EM hergestellt. Ganz exakt setzt sich das aktivierte EM aus EM Urlösung + Zuckerrohrmelasse + Wasser zusammen. EMa kann also selbst hergestellt werden (dazu später mehr) und ist anzuwenden wie das Ursprungspräparat EM. Die Mikroben im EMa sind jetzt sehr aktiv und verbrauchen auch schon entsprechend viel Energie. Diese Energie ziehen sie aus der Zuckerrohrmelasse. Die eigene Herstellung von EMa empfiehlt sich vor allem dann, wenn man oft oder größere Mengen EM benötigt, denn man kann mit Hilfe der Urlösung lange Zeit immer wieder die Mikroben vermehren.

(Futter-)bokashi

Bokashi ist der japanische Begriff für „Allerlei“, das aus fermentierten organischen Materialien besteht. Es ist ein ähnlicher Vorgang wie beim Kompostieren.

Im Unterschied zu unserem Kompost wird Bokashi jedoch komplett anaerob fermentiert. So ist garantiert, dass viele Inhaltsstoffe erhalten bleiben und sich die Bakterien (wenn warm gehalten) auch gut vermehren können. Wie oben schon erklärt, handelt es sich um fermentiertes, organisches Material, durch das sich die Milchsäurebakterien und andere Mikroben vermehren.

Die Vielfalt der Mikroben produziert eine Fülle an Antioxidantien (Vitamine, Enzyme). Bokashi ist weitgehend vergleichbar mit Silagefutter in der Landwirtschaft (Silage, auch Gärfutter genannt, ist ein durch Milchsäuregärung konserviertes Futtermittel für Nutztiere) oder auch sauer eingelegtem Gemüse, wie etwa Sauerkraut.

Bei der ursprünglichen Herstellung von Bokashi kommen hauptsächlich pflanzliche Küchen- und Gartenabfälle zur Verwendung, und daraus entsteht dann durch die Fermentierungsprozesse ein hochwertiger Dünger für den Garten. Aber man kann auch Futtermittel wie Getreidekörner oder Fleisch verwenden, die dann durch das Zusetzen von EM und die oben beschriebenen Prozesse zu Futter-Bokashi werden. Über die genaue Herstellung später mehr.

EM Keramik Pipes

Gebrannten Ton gibt es in Form von unterschiedlichen Keramik „Pipes“. Sie haben verschiedene Größen, und so gibt es kleine Pipes für den Wassernapf der Katze oder wirklich große Pipes, die in den Trog der Pferde gelegt werden können. Die Farben variieren, je nachdem aus welchem Tonmaterial sie hergestellt werden und wie lange sie gebrannt werden. Es gibt sie in den Farben grau, rosa oder rot.

Einige (nicht alle) der Effektiven Mikroorganismen haben die Fähigkeit, auch relativ hohe Temperaturen auszuhalten, ohne Schaden zu nehmen. Aber man geht auch davon aus, dass sich teilweise lediglich bestimmte positive „Informationen“ der EM auf den Ton übertragen lassen und sozusagen in ihn eingebrannt werden. Diese Eigenschaft macht man sich also zu Nutze und mischt die EM mit verschiedenen Tonerde-Materialien und stellt daraus die Keramik Pipes her. Durch ihre Form garantieren sie den größtmöglichen Wasserkontakt. Die grauen Keramik Pipes können vor allem zur (Wieder-)Belebung von Trinkwasser oder generell Wasser genutzt werden.

Die grauen Pipes sind dabei nahezu unbegrenzt haltbar.

Sie eignen sich außer zur Wasseraufbereitung auch hervorragend für Halsbänder zum Schutz vor Zecken (auch dazu später mehr).

Rosafarbene Pipes werden bei niedrigeren Temperaturen gebrannt und sind poröser. Deshalb sagt man ihnen auch die Fähigkeit nach, zum Beispiel Schadstoffe aus dem Wasser aufzunehmen oder diese zu filtern. Sie sind deswegen jedoch nicht so lange haltbar und sollten spätestens nach sechs Monaten ausgetauscht werden. Die roten Pipes werden sogar noch kürzer gebrannt, sind noch durchlässiger und können entsprechend noch größere Mengen an Schadstoffen filtern.

EM Keramik

Auf dem Prinzip der Keramik Pipes basierend gibt es mittlerweile auch weitere EM Keramik-Artikel. Für Tierhalter interessant sind vor allem wahrscheinlich EM Wasser- und Futternäpfe; und für den Tierhalter selbst sind Teller, Schalen, Becher, Wasserkrüge und vieles mehr im Angebot.

Weitere Darreichungsformen

Neben den bereits vorgestellten Varianten, die wir auch als diejenigen bezeichnen können, die wahrscheinlich am häufigsten zum Einsatz kommen, gibt es mittlerweile auch schon zahlreiche weitere Produkte:

EM blond: Ein helleres, schon gebrauchsfertiges EM-Produkt. Fermentiert wird es mit einer Nährlösung aus Biogetreide, wodurch es die hellere Farbe bekommt. Der Geruch erscheint etwas „fruchtiger" im Vergleich zur ursprünglichen EM Urlösung. Es kann vor allem in Haus und Garten zum Einsatz kommen oder zur Verbesserung des Raumklimas. Es eignet sich nicht zur Herstellung von EMa.

Manju: Es handelt sich dabei um ein anwendungsfertiges Fermentationsgetränk. Bei der Fermentation werden grüne Papayas (enthalten das verdauungsfördernde Enzym Papain), Naturreis sowie Reiskleie (reich an Ballaststoffen) und Braunalgen (Kelp, sehr reich an Mineralstoffen) verwendet. Dazu kommen die Effektiven Mikroorganismen. Zusammen wird alles in einem einjährigen Prozess fermentiert. Manju enthält keine lebenden Mikroben mehr.

EM-X Gold: Ist ebenfalls ein anwendungsfertiges Fermentationsgetränk. Bei der Fermentation scheiden die EM alle positiven und nützlichen Stoffwechselprodukte aus, jedoch enthält das Getränk nach einer weiteren Aufbereitung keine lebenden Mikroben mehr. Vielmehr wird die energetische Schwingung der Effektiven Mikroorganismen bei der Zubereitung gespeichert. Zudem enthält es die Stoffwechselprodukte der Mikroben, die als Antioxidationen fungieren. Eine hohe Qualität der Zutaten, auch auf energetischer Ebene, ist dabei von höchster Wichtigkeit.

EM-Salz: Für EM-Salz wird Meersalz oder Ur-Meersalz mit EM-X Gold versetzt und aufbereitet. So entsteht ein qualitativ hochwertiges Salz mit vielen Mengen- und Spurenelementen.

3

Herstellung und Handhabung

Ein besonders interessantes Thema ist sicher, wie man genau mit den Effektiven Mikroorgansimen umgehen muss. Wie man sie herstellen kann, wie sie gelagert werden müssen und natürlich wie man sie anwendet und dosiert. Mit all diesen Fragen soll sich deshalb dieses Kapitel beschäftigen.

EMa und Bokashi selbst ansetzen

Wie bereits besprochen, ist die Basis aller EM-Produkte die EM Urlösung. In ihr schlummern alle Mikroorganismen und warten darauf, aktiv werden zu können. Mit ihrer Hilfe können wir das aktivierte EMa herstellen, und das ist gar nicht so kompliziert, wie man vielleicht zunächst vermuten möchte. EMa entsteht durch die Fermentation der Urlösung mit Zuckerrohrmelasse. Auf diese Weise lassen sich ganz ohne hohen Kostenaufwand größere Mengen an anwendungsfertigem EMa produzieren. Die Effektiven Mikroorganismen werden auf diese Weise also vermehrt.

EMa flüssig herstellen

Zunächst muss überlegt werden, wofür die EM benötigt werden und welche Mengen hergestellt werden sollen. Das ist eine wichtige Frage in Bezug auf die Größe des Fermenters, der verwendet werden soll. Man sollte dabei bedenken, dass es sich nicht lohnt, größere Mengen auf Vorrat anzusetzen, wenn das EM nicht gleich verbrauchen kann. Es sollte nur so viel hergestellt werden, wie innerhalb von ca. zwei Wochen verbraucht werden kann, denn so lange ist das EMa ungefähr haltbar.

Einen Fermenter gibt es in allen möglichen Größen von beispielsweise 2 Litern bis hin zu 500 Litern. Es kann also für jedes Vorhaben die passende Größe angeschafft werden.

Zunächst kommt hier aber erst einmal eine Liste aller Utensilien, die man benötigt, um flüssiges EMa herzustellen:

- Fermenter (mit Heizung und einem Gärröhrchen ausgestattet)
- Messstreifen für den pH-Wert
- Thermometer
- (gefiltertes) Wasser
- Zuckerrohrmelasse
- EM Urlösung
- PET-Flaschen oder Kanister (sauber) zur Aufbewahrung

Zunächst wird nun der Fermenter bis zur Hälfte mit heißem Wasser aufgefüllt. Dann wird 3% der Zuckerrohrmelasse in das heiße Wasser verrührt, bis diese sich vollständig aufgelöst hat.

Im nächsten Schritt wird kaltes Wasser dazugegeben, bis das Wasser im Fermenter eine Temperatur von ca. 35-40°C hat. Die Temperaturen sollten auf keinen Fall über 40°C steigen, da höhere Temperaturen einen Teil der Mikroorganismen bei diesem Vermehrungs-Prozess schädigen können.

Nun kann 3% der EM Urlösung dazugegeben und alles ordentlich vermischt werden. Der Fermenter wird danach wieder mit Wasser befüllt (dieses ist jetzt ebenfalls schon 35-40°C warm), bis er komplett voll ist. Danach wird er verschlossen. (Hinweis: Wird ein Fermenter mit Gärspund verwendet, wird dieser exakt bis zur Markierung mit Wasser befüllt).

Die Heizung des Fermenters wird nun angeschlossen und eine Temperatur von ca. 34°C für insgesamt sieben Tage lang gehalten.

Kein Muss, aber eine Optimierung beim Fermentationsvorgang ist die Zugabe von EM Keramik Pipes in den Fermenter. Dadurch kann die Wasserqualität optimiert und zudem eine verbesserte Haltbarkeit des EMa erzielt werden.

Wie sind die Mengen zu berechnen?

Bei der Zugabe von Zuckerrohrmelasse und der EM Urlösung wurde weiter oben von 3% gesprochen, doch wie genau ist das zu verstehen? Gehen wir einmal davon aus, es sollen 10 Liter aktiviertes EM hergestellt werden, dann würde sich dies folgendermaßen berechnen:

- 3 % = 300 ml EM Urlösung
- 3 % = 300 ml Zuckerrohrmelasse
- 94 % = 9400 ml Wasser

Auf die gleiche Weise kann man sich entsprechend andere Mengen berechnen, man behält einfach immer die gleichen Mengenverhältnisse bei.

Wie bewahrt man den Fermenter während der Herstellung auf?

Große Temperaturschwankungen sind während der Herstellung des EMa unbedingt zu vermeiden. Der Heizstab gewährleistet zwar eine konstante Temperatur der Flüssigkeit im Fermenter, diese kann jedoch von der Außentemperatur beeinflusst werden. Deshalb sollte der Fermenter möglichst an einem Ort aufbewahrt werden, an dem eine gleichbleibende Raumtemperatur herrscht. Optimal sind Raumtemperaturen zwischen 15 und 21°C.

Wichtig ist auch, dass der Fermenter auf einem geraden Untergrund steht, da der Heizstab immer ganz mittig hängen muss, um eine gleichmäßige Temperatur zu erzeugen. Steht der Fermenter schief, kann auch der Heizstab verrutschen, und damit können Temperaturschwankungen im Behälter entstehen. Ist das der Fall, könnte es passieren, dass das angesetzte EMa nicht gelingt.

Wie erkennt man, ob alles funktioniert hat?

An dieser Stelle kommen die pH-Wert Messstreifen zum Einsatz, denn das EMa ist fertig, sobald der pH-Wert unter 3,6 liegt. Wenn der pH-Wert niedriger ist, muss das aber noch kein Anlass zur Sorge sein. Solange das EMa einen süß-säuerlichen Geruch hat und die Farbe wie beim Ansetzen selbst bräunlich ist, ist alles in Ordnung. Auch weiße Flockungen sind nicht bedenklich, denn diese entstehen durch die Hefen im EM und sind ja gewollt.

Ist der pH-Wert jedoch höher und vor allem auch der Geruch nicht so, wie er sein sollte, kann das ein Zeichen dafür sein, dass die Fermentierung nicht richtig funktioniert hat. Es kann dann sein, dass sich negative Keimflora gebildet hat, oft verursacht durch nicht ordentlich gereinigte Fermenter oder zu starke Temperaturschwankungen während des Fermentationsprozesses. In solchen Fällen muss die Lösung entsorgt und ein neuer Versuch gestartet werden.

Wie werden Fermenter und Zubehör also richtig gereinigt?

Damit ein einwandfreies EMa hergestellt werden kann, muss also das Zubehör ebenfalls schon einwandfrei sein. Das bedeutet, Fermenter und Aufbewahrungsbehälter müssen immer gründlich gereinigt sein, bevor sie zum Einsatz kommen. Ist dies nicht der Fall, kann es sein, dass sich bereits eine unerwünschte Bakterienflora in den Gefäßen angesiedelt hat, und dies führt zum Scheitern beim EMa-Ansatz.

Der Fermenter sollte entsprechend vor der Reinigung vollständig ausgeleert und sämtliche Zubehörteile gründlich mit heißem Wasser abgespült werden. Gereinigt werden sollte zum Beispiel mit Essigreiniger oder Zitronensäure (Sicherheitshinweise auf den jeweiligen Produkten beachten!). Chemische Reinigungsmittel sind dagegen nicht zu empfehlen. Dazu wird der Behälter mit Wasser und entsprechender Menge an Reinigungsmittel befüllt und wieder verschlossen. Nach ca. 15-20 Minuten alles wieder ausleeren und Behälter sowie Zubehörteile nochmals sehr gründlich mit heißem Wasser auswaschen. Jetzt kann wieder neues EMa angesetzt werden.

Futter-Bokashi herstellen

Wir haben schon besprochen, dass Bokashi im Prinzip nichts anderes ist als fermentiertes organisches Material. Ähnlich wie beim Kompostieren finden bestimmte Umbauprozesse dieser Materialien statt – und etwas „Neues" entsteht. Verwendet werden können prinzipiell alle möglichen Materialien von Garten- oder Küchenabfällen bis hin zu Getreide oder sogar Fleisch. So kann man auch selbst ein gesundes Getreide- oder Fleischbokashi für Tiere herstellen.

Doch welche organischen Materialien auch verwendet werden sollen, das Grundprinzip bei der Herstellung ist zunächst immer gleich.

Das wird benötigt:

- Bokashi-Eimer mit Auslaufhahn
- EM Urlösung oder selbst hergestelltes EMa
- Sprühflasche
- mit Sand gefüllter Plastikbeutel

Die Zutaten, die verwendet werden sollen, werden in eine Schüssel gegeben und mit der EM Urlösung eingesprüht, bis alles leicht befeuchtet ist. Gleichzeitig wird alles gut durchgemischt. Das Material wird dann nach und nach in einen Bokashi-Eimer umgefüllt und ordentlich angedrückt. Sobald eine Schicht angedrückt wurde, wird ein

Plastikbeutel (der mit Sand befüllt wurde) so oben draufgelegt, dass die Oberfläche vollständig abgedeckt und der Eimer bis zum Rand gefüllt ist (es sollte kein Sauerstoff mehr an das vorbereitete Bokashi kommen). Zum Schluss wird alles mit einem Deckel verschlossen. Diese Schritte werden so lange wiederholt, bis der Eimer wirklich randvoll ist und kein Sandbeutel mehr hineinpassen würde.

Dann wird nur noch mit dem Deckel der Eimer fest und luftdicht verschlossen und alles für zwei Wochen bei Raumtemperatur stehengelassen (bei Futter-Bokashi verlängert oder verkürzt sich teilweise die Zeit). Die Zimmertemperatur darf hier lieber etwas wärmer als zu kalt sein, denn bei zu kühlen Temperaturen (unter 8°C) findet keine Fermentierung statt.

Alle zwei Tage kann man mit Hilfe des Auslaufhahns die Flüssigkeit ablassen, die sich am Boden des Eimers mit der Zeit ansammelt. Diese Flüssigkeit entsteht, weil die Effektiven Mikroorganismen beginnen, das organische Material aufzuschließen. Diese Flüssigkeit eignet sich übrigens auch ganz hervorragend als Pflanzendünger.

Auch das Zubehör zur Bokashi-Herstellung muss immer vor und nach der Benutzung gründlich gereinigt werden.

Jetzt haben Sie vielleicht Lust bekommen, für Ihre vierbeinigen Lieblinge gleich einmal ein Futter-Bokashi auszuprobieren? Dann möchte ich Sie bei Ihrem Vorhaben gerne mit zwei konkreten Rezepten unterstützen:

Rezepte für Fleisch-Bokashi

1 kg Rinderhackfleisch, 1 Ei, mit 50 ml EM Urlösung oder EMa so besprühen, dass alle Teile etwas abbekommen, gut verkneten, daraus kleine Röllchen formen und mindestens zwölf Stunden bei 50 Grad im Umluftherd trocknen (einfacher geht es auch, z.B. mit einem Dörrautomat). Je dünner die Fleischröllchen, desto schneller die Trocknung.

Fleisch-Bokashi immer möglichst luftig und kühl lagern. Das getrocknete Fleisch-Bokashi ist genauso lange haltbar wie beispielsweise eine „Dauerwurst". Für Hunde und Katzen ist es ein ideales „Leckerli" für zwischendurch, das sie bis zu dreimal am Tag bekommen können.

Rezepte für Getreide-Bokashi

1 kg Weizen- oder Dinkelkleie oder auch eine fertige Kraftfuttermischung (z.B. für Pferde) mit 2 Esslöffel Lebertran und 30 bis 50 ml EM Urlösung oder EMa verkneten und nach dem oben erklärten Prinzip in einem Bokashi-Eimer gut zusammenpressen. Verschlossen mindestens drei, besser bis zu sechs Wochen bei Raumtemperatur lagern. Danach ist alles gut durchgegoren. Vor jeder Verfütterung sollte immer der Geruch und notfalls auch der Geschmack kontrolliert werden. Das Getreide-Bokashi kann man mit 2% bis 3% dem sonstigen Futter hinzufügen.

Fertige EM-Produkte

Wem die Herstellung von aktiviertem EM zu aufwändig ist, für den stehen neben der Verwendung der EM Urlösung auch mittlerweile zahlreiche anwendungsfertige Produkte zur Verfügung.

Heutzutage gibt es schon diverse EM-Shops (auch Online-Shops), die sich auf dieses Thema spezialisiert haben und eine große Auswahl an Produkten bieten.

Fertige EMa-Produkte sind natürlich zeitsparend und weniger aufwändig. Allerdings sind sie oft auch entsprechend teurer als die EM Urlösung. Als Anwender sollte man sich deshalb hinterfragen: Welche Mengen benötige ich? Für welche Tierart? Für welchen Zweck? Wie schnell können/sollen die Produkte verbraucht werden, damit sie nicht verderben?

Vor allem bei kleineren Mengen, die relativ schnell verbraucht werden, kann es durchaus von Vorteil sein, ein anwendungsfertiges Produkt zu kaufen.

EM gibt es für jeglichen Gebrauch in der entsprechenden Darreichungsform. Als Bodenhilfsstoff wurde es ursprünglich entwickelt und zugelassen. Mittlerweile gibt es die EM aber auch in spezieller Zubereitung als Nahrungsergänzung, als Salz, zum Reinigen, zur Wasserverbesserung, in Kosmetik und vielem mehr.

Für Tierhalter besonders interessant sind fertige Flüssigprodukte und Futter-Bokashi als Futterergänzungsmittel. Aber auch für die Fell- und Hautpflege, die Zahnpflege und die Ohrenpflege werden schon viele hilfreiche Produkte von verschiedenen Herstellern zum Kauf angeboten. Auch Stall- und Umgebungsreiniger sind immer sehr gefragt, genauso wie Keramik Pipes für die Wassernäpfe und -tröge oder sogar Halsbänder mit den EM-Pipes.

Ob Sie sich nun für das Selbst-Zubereiten oder eine fertige Variante entscheiden, hängt ganz von Ihnen, Ihrem Zeitmanagement und dem zur Verfügung stehenden Budget ab. Letztlich wird aber sicher jeder EM-Anwender hier seine ganz eigene Philosophie finden.

Lagerung und Haltbarkeit

Die Grund- bzw. EM Urlösung ist im Vergleich zu den aktivierten EM relativ lange haltbar, mindestens 2-3 Monate. Voraussetzung dafür ist jedoch, dass es kühl (aber nicht im Kühlschrank) und dunkel gelagert wird und man darauf achtet, den Behälter nicht zu verschmutzen. Die benötigte Menge EM also immer sauber abfüllen und den Behälter dann wieder fest verschließen.

EMa hat dagegen eine viel kürzere Haltbarkeit. Wenn es kühl und luftdicht aufbewahrt wird, kann man von einer Haltbarkeit von ca. zwei Wochen ausgehen.

Abgefüllt wird das EMa immer in Plastikbehälter und nicht in Glasflaschen. Da während der Lagerung Kohlendioxid entstehen kann, muss der Behälter in der Lage sein, sich etwas ausdehnen zu können.

Warum ist EMa so viel kürzer haltbar?

Die kürzere Haltbarkeit liegt zum einen daran, dass die Mikroorganismen nach der Fermentierung zu EMa sehr aktiv sind und viel Energie verbrauchen. Diese Energie ziehen sie aus der Zuckerrohrmelasse. Zum anderen beginnen die aktivierten EM nach acht Tagen langsam abzusterben, da bei der Vermehrung zu EMa keine 100%ige Vergesellschaftung der unterschiedlichen Mikroben erreicht werden kann. Nach zwei Wochen beginnt die Lösung dann meist unangenehm zu riechen und sollte entsorgt werden, wenn sie nicht vorher verbraucht werden konnte.

Dosierung

Bei der Anwendung beziehungsweise bei den Behandlungsvorschlägen in diesem Buch mit den Effektiven Mikroorganismen gehen wir von den EMa oder dem Futter-Bokashi aus.

Folgende Angaben zu den Dosierungen können dabei eine Richtlinie bei der Anwendung sein. Da es auch schon sehr viele anwendungsfertige Produkte gibt, kann man sich dann natürlich entsprechend nach den Dosierungsvorschlägen auf den Verpackungen richten. Geeignet sind die EM für fast alle Tierarten. Da wir in diesem Buch jedoch einen gewissen Rahmen finden müssen, beschäftigen wir uns deshalb mit den sicher typischsten Haustieren wie Pferden, Hunden, Katzen, Nagern und Hasenartigen sowie Vögeln.

Dosierung EMa:

Tierart	Spezifizierung	Menge pro Tag (ca.)
Pferd	Erhaltung bis leichte Arbeit	10ml / 100kg Körpergewicht
	Mittlere bis schwere Arbeit	15ml / 100kg Körpergewicht
	Stress, Rekonvaleszenz, nach Medikamenten wie Antibiotika oder Wurmkuren	Bis zu 20ml / 100kg Körpergewicht
Fohlen	ab Lebenswoche zwei	2 bis 10ml
	Ab Lebenswoche acht	Bis 20ml
Hunde	Bis 20kg Körperge-wicht	1 Teelöffel / 5kg Körpergewicht
	Ab 20kg Körpergewicht	Bis 4 Teelöffel / 5kg Körpergewicht
Katzen		1-2 Teelöffel
Meerschweinchen		bis 5ml
Kaninchen		bis 10ml
Vögel		2-3 Tropfen

Dosierung Futter-Bokashi:

Tierart	Spezifizierung	Menge pro Tag (ca.)
Pferd	Erhaltung bis leichte Arbeit	20g / 100kg Körpergewicht
	Mittlere bis schwere Arbeit	40g / 100kg Körpergewicht
	Stress, Rekonvaleszenz, nach Medikamenten wie Antibiotika oder Wurmkuren	Bis zu 40g / 100kg Körpergewicht
Hunde	Bis 20kg Körpergewicht	1 Teelöffel / 5kg Körpergewicht
	Ab 20kg Körpergewicht	Bis 4 Teelöffel / 5kg Körpergewicht
Katzen		1-2 Teelöffel
Meerschweinchen		½ Teelöffel
Kaninchen		bis 1 Teelöffel

Ganz wichtig ist zu beachten, dass der Verdauungstrakt von Tieren an jedes neue Futtermittel oder Futterergänzungsmittel stets langsam gewöhnt werden muss. Das gilt auch für die EM.

Bei der ersten Anwendung der Effektiven Mikroorganismen, egal ob als flüssige Lösung oder in Form von Futter-Bokashi, sollte von daher immer zuerst an eine Gewöhnungsphase gedacht werden.

Die in den Tabellen angegebenen Mengen stellen also die Endmenge/Höchstmenge dar. Man sollte mit geringeren Dosierungen beginnen, die man dann über mindestens fünf bis hin zu zehn Tagen langsam steigert.

4

Allgemeine Einsatzgebiete der EM bei Tieren

Einleitung

Bevor wir uns später gezielt verschiedenen Krankheitsbildern zuwenden, soll erst einmal ein Überblick gegeben werden, wie und wo die Effektiven Mikroorganismen bei der Tierhaltung zum Einsatz kommen und so für Tiere und Menschen von Nutzen sind. Dabei muss man sich auch mit ganz grundlegenden Dingen beschäftigen, wie zum Beispiel Anatomie und Physiologie unserer Tiere, vor allem der des Verdauungssystems. Wenn man die komplexen Zusammenhänge besser nachvollziehen kann, versteht man letztendlich auch, wie und warum die EM den Tieren helfen können.

„Die Sache mit dem großen Geschäft": Regulierung der Magen-Darmflora

Es ist seit langem klar, dass der Darm beziehungsweise eine intakte Verdauung oftmals auch der Schlüssel für einen gesunden restlichen Organismus ist. Viele Tierbesitzer schmunzeln vielleicht jetzt, weil es fast schon zur Routine gehört, das „große Geschäft" der vierbeinigen Schützlinge regelmäßig zu begutachten. Weicht etwas von der Routine ab, weiß man meist schnell: „Hier stimmt etwas nicht!“ Da es in diesem Buch um Tiere allgemein und nicht nur um eine bestimmte Tierart gehen soll, beschränken wir uns gleich bei der Beschreibung des Verdauungssystems auf die Bereiche, die auf alle Tiere zutreffen.

Ein lebender Organismus braucht für sein Wachstum und die Aufrechterhaltung des inneren Gleichgewichtes sowohl Energie als auch verschiedenste Bausteine, die für den Aufbau der einzelnen Körperbestandteile notwendig sind.

Diese Bausteine werden in Form von Nahrung aufgenommen, durch Verdauungsvorgänge bearbeitet und verwertet und können dann schließlich vom Körper genutzt werden.

Der Kopfdarm

Die Mundhöhle wird von vorne durch die Lippen, seitlich durch die Wangen, den Gaumen sowie die Zunge und den sublingualen Mundhöhlenboden begrenzt.

Die Zunge dient bei einigen Tierarten der selektiven Nahrungsaufnahme und bei allen Tieren dem Kau- und Schluckakt.

Sensorische Fasern nehmen Geschmacks-, Schmerz- und Temperaturreize auf.

Die Speicheldrüse bildet den Speichel, welcher mechanische (Feuchterhaltung, Spülflüssigkeit) und enzymatische Funktionen sowie eine „Pufferfunktion“ hat, da er Natriumcarbonat enthält.

Außerdem natürlich wichtig für die Nahrungsaufnahme und Zerkleinerung sind – die Zähne.

Der Vorderdarm

Die Bauchhöhle wird begrenzt von Zwerchfell, Bauchwand, Wirbelsäule, den Rückenmuskeln und dem Beckeneingang. Die Speiseröhre verbindet als flexibles Rohr den Rachen mit dem Magen. Sie ist innen mit kutaner Schleimhaut ausgekleidet.

Der Magen ist ein sackförmig erweiterter Abschnitt des Verdauungsschlauches, und man unterscheidet je nach Bauart (einhöhlig oder mehrhöhlig) und nach der Schleimhaut (kutane und/oder Drüsenschleimhaut).

Der allgemeine Aufbau des einhöhligen Magens (so z.B. beim Pferd, Hund oder der Katze) sieht wie folgt aus:

- Mageneingang
- Die Ausbuchtung in der Nähe des Mageneingangs wird Magenkuppel, Blindsack oder Fundus genannt, erscheint als Magenblase
- Magenkörper (Corpus)
- konvexe große Krümmung
- konvexe kleine Krümmung
- Magenausgang

Im Magen wird das Futter zunächst gespeichert und erwärmt, dann eingeweicht und mit dem Magensaft (Salzsäure) durchmischt. Die Nahrung fängt an, in Futterbrei zersetzt zu werden. Der so entstandene Futterbrei wird im Anschluss portionsweise an den Mitteldarm weitergegeben.

Der Mitteldarm (Dünndarm)

Der Mitteldarm besteht aus dem Zwölffingerdarm, dem Leerdarm (längster Dünndarmabschnitt) und Hüftdarm (kurzes Übergangsstück zum Blinddarm).
Seine Aufgaben sind:

1. Aufschließung und Resorption
2. Durchmischung
3. Weitertransport
4. Abtransport

Die Darmwand besteht aus einem serösen Überzug, einer Muskelschicht und der Schleimhaut (im Dünndarm gekennzeichnet durch Zotten und Krypten, denn im Dickdarm finden sich keine Zotten mehr).

Der Futterbrei wird im Dünndarm mit den Verdauungssäften von Galle (Hinweis: Das Pferd besitzt keine Gallenblase), Bauchspeicheldrüse und auch der Dünndarmschleimhaut durchmischt. Der Brei wird dabei neutral bis leicht alkalisch.

In den Verdauungssäften sind Enzyme enthalten, die die Aufgabe haben, Kohlenhydrate, Eiweiße und Fette zu spalten, damit diese über die Schleimhaut ins Blut und auch an die Lymphe weitergegeben werden können. Der Abschnitt Leerdarm ist dann besonders für die Aufnahme von Nährstoffen zuständig.

Der Enddarm (Dickdarm)

Er besteht aus dem Blinddarm, dem Grimmdarm (unterteilt in aufsteigenden Kolon, Querkolon und absteigenden Kolon) sowie dem Mastdarm bis hin zum After (Anus) als sogenanntes Endstück des Darmrohres.

Im Dickdarm wird dem Futterbrei vor allem Wasser entzogen (eingedickt) und letztendlich der Kot geformt. In diesem Teil finden sich vor allem die schwer verdaulichen Bestandteile der Nahrung. Hier befindliche Mikroben haben die Aufgabe der Produktion von Enzymen und Vitaminen (vor allem Vitamin B und K).

Die Darmanhangsdrüsen

Als sogenannte Darmanhangsdrüsen bezeichnet man die Bauchspeicheldrüse (Pankreas) und die Leber.

Die Bauchspeicheldrüse unterteilt man grob in drei Abschnitte:

- Pankreaskopf
- Pankreaskörper
- Pankreasschwanz

Man unterscheidet an der Bauchspeicheldrüse den exokrinen und endokrinen Anteil. Das exokrine Pankreas-Drüsenparenchym bildet Verdauungsenzyme beziehungsweise Proenzyme und stellt die wichtigste Verdauungsdrüse dar.

Das endokrine Pankreas gibt Hormone direkt ins Blut ab.

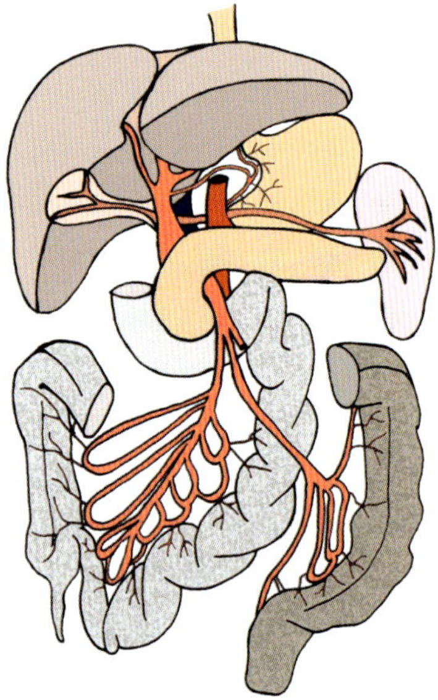

Die sogenannten *Langerhans'schen Inseln* produzieren das Insulin und das Glukagon, welche für die Regulation des Blutzuckerspiegels von grundlegender Bedeutung sind.

Die Leber ist die größte Drüse des Körpers und lässt sich in verschiedene Leberlappen gliedern:

- Lobus sinister
- Lobus dexter
- Pars intermedia

Wie jedes Organ besteht auch die Leber aus dem Interstitium, Bindegewebe und dem eigentlichen Gewebe beziehungsweise Parenchym.

Zu den Funktionen der Leber gehören:

- Bildung und Sekretion von Galle
- Zentrales Stoffwechselorgan für den Kohlenhydratstoffwechsel
- Zentrales Stoffwechselorgan für den Fettstoffwechsel
- Zentrales Stoffwechselorgan für den Eiweißstoffwechsel
- Harnstoff und Harnsäurebildung
- Speicherung von Vitaminen und Spurenelementen
- Regulation des Hormonstoffwechsels
- Entgiftungsfunktion
- Blutspeicherung

Die Galle ist das Sekret der Leber. Sie enthält als wichtigste Bestandteile die Gallensäuren und die Gallenfarbstoffe (darüber hinaus Wasser, Schleim, Fette, Spuren von Harnstoff und Salzen).

Hinweis:
Enzyme dienen im Organismus als sogenannte Biokatalysatoren. Sie können Stoffwechselreaktionen extrem beschleunigen. Sie sind substrat- und wirkungsspezifisch (verschiedene Enzymklassen) und regeln zudem die Stoffwechselgeschwindigkeit.

Die Rolle der „guten" Verdauung

Viele Millionen Nervenzellen steuern die Verdauung im Darm von Anfang bis Ende. Es ist ein autonomes, also selbstständiges Nervensystem und ist dem zentralen Nervensystem sehr ähnlich. Umgangssprachlich wird dieses Nervensystem deshalb oft auch als „Bauchhirn" bezeichnet.

Das Nervensystem des Verdauungstraktes analysiert die Nahrung, regt den Transport des Futters an und kontrolliert die Verdauungssekrete und die Hormone. Schädliche Bakterien werden im besten Falle abgewehrt, erwünschte Mikroben dagegen gefördert, und es können in „Notfällen" Alarmsignale an das Gehirn geschickt werden. Bestimmte Faktoren wie zum Beispiel falsche Fütterung, ein Mangel an lebenden erwünschten Mikroben, Stress, zu wenig Auslauf und Bewegung können die Nervenzellen des Bauchhirns jedoch stören.

Ein gut funktionierender Darm ist also ein wichtiger, wenn nicht sogar der wichtigste Baustein für ein intaktes primäres Immunsystem. Bei Tieren ist es da nicht anders als bei uns Menschen: Ungefähr 70% des Abwehrsystems sitzen in der Schleimhaut des Darmes.

Die Schleimhaut bildet mit den dort siedelnden Mikroben einen „Biofilter". Spezifische Mikrobenstämme leben im Darm und sind auch mit dafür verantwortlich, dass nur solche Stoffe in den Körper gelangen, die dem Körper dienlich sind. Sogenannte Immunglobuline IgA werden über das darmeigene Immunsystem gebildet und werden für die Abwehr schädlicher Substanzen benötigt.

Im Laufe des Lebens wird das Immunsystem trainiert, und das beginnt schon bei der Geburt eines Lebewesens, ausgelöst durch den ersten Antigenkontakt. Dabei lernt auch der Darm unentwegt, was für die Infektabwehr von Bedeutung ist, und gibt diese Informationen auch an andere Teile des Immunsystems weiter. Kommt es dann an einer bestimmten Stelle der Schleimhäute zum Kontakt mit einem Antigen, werden vom Körper in gemeinsamer Arbeit mit den auf der Schleimhaut siedelnden Mikroben spezifische und unspezifische Abwehrreaktionen eingeleitet.

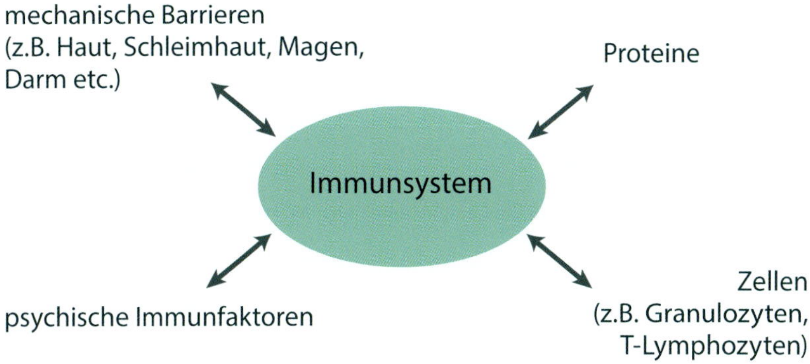

Die Bedeutung der Mikroorganismen für den Darm

Für einen gesunden Darm und gut funktionierende Abwehrmechanismen wird eine intakte Darmflora benötigt.

Als Darmflora bezeichnet man die Gesamtheit der Mikroorganismen, die den Darm des Tieres besiedeln und für den Wirtsorganismus von besonderer Bedeutung sind.

Es sind nützliche und wichtige Darmbakterien, welche zum Beispiel für die Aufbereitung von Nahrung zuständig sind, Nährstoffe produzieren sowie auch in großem Maße das Immunsystem unterstützen und stärken.

Mikroben der Darmflora

Die Darmflora besteht in erster Linie aus Bakterien der Gruppen Enterobactericae (vor allem Escherichia coli), Enterokokkus, Bacteroides sowie Bacillus.

Die Darmflora lässt sich in drei verschiedene Enterotypen beschreiben (je nach Dominanz der Bakterien):

1. **Enterotyp: Bacteroides-dominanter Typ (Kohlenhydrate spaltende Art).**
2. **Enterotyp: Prevotella-dominanter Typ (verstoffwechselnde Proteine).**
3. **Enterotyp: Ruminococcus-dominanter Typ (spalten Zucker und Muzine).**

Wird diese Darmflora aus dem Gleichgewicht gebracht, wie etwa durch eine große Anzahl von unerwünschten Mikroben, hat das nicht nur Auswirkungen auf den Darm, sondern gleich auf den kompletten Organismus. Das Abwehrsystem wird geschwächt.

Schädigende Faktoren sind neben Stress vor allem falsche Fütterung, aber auch viele Medikamente. Ein Antibiotikum zum Beispiel tötet bei einer Erkrankung zwar alle schädlichen Bakterien ab, jedoch kann es nicht zwischen pathogenen (krankmachenden) und physiologischen, nützlichen Bakterien unterschieden.

Ist die Darmflora von Hund, Katze, Meerschweinchen oder Pferd aus dem Gleichgewicht geraten und befinden sich die nützlichen und die „krankmachenden" Bakterien des Darms nicht mehr in Balance, so können sich auf diesem Nährboden vor allem Pilze und Parasiten vermehren. Diese entziehen dem Körper wichtige Nährstoffe, Mineralien und Vitamine und produzieren dabei noch giftige Stoffe, sogenannte Mykotoxine. Solche giftigen Stoffe können auch über die Darmwände in den Blutkreislauf gelangen und richten dort dann beträchtlichen Schaden an.

Auf diese Weise wird das Immunsystem immer mehr geschwächt, und der Darm kann seiner Aufgabe als Entgiftungsorgan nicht mehr richtig nachkommen.

Abschließend ergibt sich daraus die Tatsache, wie wichtig es ist, bei jeder Erkrankung eines Tieres dem Darm Beachtung zu schenken – und an dieser Stelle kommen die Effektiven Mikroorganismen ins Spiel. Werden die EM und die von ihnen gebildeten Stoffe als Futterergänzung zugeführt, so können sie im Körper des Tieres ihre vielfältige Wirkung entfalten. Die körpereigene Abwehr wird angeregt und die Darmflora so weit stabilisiert, dass sie viele Vitamine, Enzyme und andere antioxidative Substanzen produziert. Antioxidantien sind von großer physiologischer Bedeutung, da sie als Radikalfänger wirken. Die antioxidative Wirkung beruht darauf, dass die Effektiven Mikroorgansimen in der Lage sind, dem Körper für seine komplexen Stoffwechselvorgänge Elektronen zur Verfügung zu stellen, wodurch freie Radikale gebunden werden können. Freie Radikale greifen in zu hohen Konzentrationen wichtige Proteine des Stoffwechsels und die Zellmembranen an.

„Von guten und schlechten Fressern“: Steigerung der Futteraufnahme und -verwertung

Das Thema Futterverwertung soll sich gleich an das vorangegangene Thema anschließen, da wir hier einen direkten Zusammenhang herstellen können. Wie bei uns Menschen gibt es auch bei den Tieren unterschiedliche Typen von Nahrungsverwertern beziehungsweise unterschiedliche Stoffwechseltypen. Während manche Tiere relativ schnell ansetzen und man aufpassen muss, dass nicht zu viele Kilos zusammenkommen, gibt es auf der anderen Seite Tiere, die immer ein bisschen zu dünn wirken, obwohl sie gut fressen. Wir sprechen dann von schwer- oder leichtfuttrigen Tieren.

Doch was passiert eigentlich beim Stoffwechsel im Einzelnen? Hier möchten wir einmal einen genaueren Blick auf das Thema werfen.

Der Begriff Stoffwechsel (auch „Metabolismus“) steht für Prozesse wie Aufnahme, Transport und die Umwandlung von Stoffen in einem Organismus sowie für die Abgabe von anfallenden Stoffwechselendprodukten. Unterschieden wird zwischen dem „Aufbau von organischen Stoffen“ (der Assimilation), bei dem Stoffe aus der Umwelt in Bestandteile des Organismus umgewandelt werden, und dem „Abbau von organischen Stoffen“ zum Zwecke der Energiegewinnung (der Dissimilation).

Die Zellen

Die Zelle ist die kleinste lebensfähige Einheit im Organismus und erbringt die Stoffwechselleistungen. Sie kann wachsen und sich auch durch Teilung vermehren. Sie weist alle Zeichen des „Lebens“ auf (Stoffwechsel, Wachstum, Reaktions- und Regulationsvermögen, Bewegung, Fortpflanzung und Zellteilung). Unterschieden werden die Zellen in prokaryiotisch und eukaryotisch.

Prokaryoten (z.B. Bakterien) beinhalten keinen deutlichen Zellkern. Im Organismus treten Zellen verschiedener Größe, Form und Zusammensetzung auf.

Die eukaryotischen Zellen dagegen bestehen aus einer Zellmembran, dem Zellplasma und einem Zellkern. Im Zellplasma enthalten sind die Zellorganellen. Diese kann man sich als „Organe“ der Zelle vorstellen, die für den Stoffwechsel innerhalb der Zellen verantwortlich sind.

Die Form der Zellen ist sehr vielgestaltig und abhängig von ihrer Funktion und dem sie umgebenden Gewebe:

- Zellen im Blut = kugelförmig oder oval
- Zellen, die eine oberflächliche Deckschicht bilden = zylindrisch
- Grundform der glatten Muskelzellen = spindelförmig
- Nervenzellen und Zellen des Bindegewebes = stark aufgezweigt und mit langen Fortsätzen

Die Lebensdauer der unterschiedlichen Zelltypen schwankt erheblich (z.B. Eizelle ca. 12 Std., weiße Blutzelle 2 Std.-2 Tage, rote Blutkörperchen ca. 100 Tage etc.)

Als Zellorganellen werden die strukturierenden Anteile des Zytoplasmas bezeichnet, die im Dienst der Zelle selbst stehen („Organe der Zelle"). Zu den Zellorganellen werden gezählt:

- Endoplasmatisches Retikulum (ER, obligater Bestandteil eukaryontischer Zellen)
- Golgi-Apparat (dient der Modifikation der im ER gebildeten Bausteine)
- Ribosomen (dienen der Proteinsynthese)
- Lysosomen (verkörpern das interzelluläre Verdauungssystem)
- Peroxysomen (sind am Stoffwechsel beteiligt)
- Mitochondrien (wichtigster Ort zur Bereitstellung von Energie)
- Zentrosom (im Dienste der Zellteilung) und Kinetosom

Durch die Zellmembran wird eine Zelle von anderen Zellen abgegrenzt. Diese Membran erhält das innere Milieu einer Zelle aufrecht und erfüllt zudem wichtige Aufgaben im Stofftransport. Sie reguliert dabei, welche Stoffe in die Zelle ein- oder austreten können (sogenannte selektive Permeabilität).

Flüssige und feste Substanzen können durch verschiedene Transportprozesse in die Zellen aufgenommen werden:

- Endozytose (Aufnahme in die Zelle)
- Exozytose (Ausschleusung aus der Zelle)
- Zytopempsis (= Transzytose. Ist ein rezeptorabhängiger Transport von extrazellulärem Material durch die Zelle hindurch und somit eine Kombination aus Endozytose und Exozytose)
- Sekretion (Abgabe von zellspezifischen Produkten aus der Zelle)

Das Gewebe und die Organe

Eine Ansammlung gleichartig oder unterschiedlich differenzierter Zellen wird als Gewebe bezeichnet. Beispiele für verschiedene Gewebearten sind das Nervengewebe, das Muskelgewebe oder auch das Knochengewebe.

Damit sich aus Zellen wiederum Gewebe (und aus den Geweben dann Organe) entwickeln können, muss sich die Zelle teilen und vermehren. Nach der Teilung differenzieren sich die Zellen und erfüllen dann jeweils bestimmte Aufgaben. Dadurch entwickeln sich spezielle Zellarten wie Nervenzellen, Muskelzellen oder Knochenzellen. Diese Zellen schließen sich zusammen und bilden die jeweilige Gewebestruktur. Durch diese Spezialisierungsvorgänge entwickeln sich natürlich weiterhin auch die Aufgaben und Funktionen der Organe und letztlich die eines ganzen Organsystems wie beispielsweise die des Verdauungstraktes.

Stoffaustausch zwischen Blut und Gewebe

Zirkulierendes Blut ist eine Voraussetzung für alle Lebensvorgänge im Wirbeltierkörper.

Die Aufgaben des Blutes sind:

- **Atemfunktion**
  (Transport von Sauerstoff von der Lunge zu den Zellen und von Kohlenstoffdioxid zurück zur Lunge.)
- **Transportfunktion**
  (Nährstoffe werden zu den Zellen transportiert, aber auch Hormone als Botenstoffe)
- **Spülfunktion**
  (Reinigung des Körpers von Schad- und Abfallstoffen)
- **Pufferfunktion**
  (Säure-Basen-Gleichgewicht wird aufrechtgehalten)
- **Regulierung der Körpertemperatur**
  (Zirkulation des Blutes für eine konstante Körpertemperatur)
- **Abwehrfunktion**
  (Blut als Teil des Immunsystems)

Ein Austausch von Stoffen findet so auch zwischen Blut und Gewebe statt. Blutgefäße verzweigen sich immer weiter, bis sie nur noch zu den kleinen Kapillaren werden. Diese Kapillaren enden dann im Zwischenzellraum zwischen den Zellen im Gewebe und in den Organen. Dort findet auch der Stoffaustausch statt. Die vom Herzen kommenden Gefäße transportieren das mit Sauerstoff angereicherte Blut. Wasser, Sauerstoff sowie Nährstoffmoleküle aus dem Blut werden dann von den Kapillaren in das Zwischenzellgewebe abgegeben. Die Flüssigkeit im Zwischenzellgewebe wird auch als Lymphflüssigkeit bezeichnet.

Sauerstoff und Nährstoffe dringen dann aus dem Zwischenzellgewebe zu den Gewebszellen. Von den Gewebszellen werden im Austausch Kohlendioxid und Abfallprodukte für den Abtransport abgegeben.

Gesteuert wird der Stoffaustausch zwischen Kapillaren und Interstitium durch die wechselnden Druckverhältnisse.

Das Lymphsystem ist neben dem Blutgefäßsystem also das zweite Körpersystem, das Flüssigkeit transportiert. Das Lymphsystem unterteilt sich in die lymphatischen Organe und das Lymphgefäßsystem.

Die verschiedenen Lymphzentren sind dabei durch die Lymphbahnen verbunden. Die darin fließende Lymphflüssigkeit ist klar und zähflüssig. Außer dass sie die Aufgabe hat, Nährstoffe zu den einzelnen Zellen zu transportieren, filtert sie zudem auch Bakterien und Schadstoffe. Die Lymphzellen sind an der Bildung von Antikörpern zu einem großen Teil beteiligt.

Bei den Lymphzellen unterscheidet man zwischen T- und B-Zellen. Sie befinden sich hauptsächlich im Lymphgewebe, in den Lymphknoten, in der Dünndarmschleimhaut sowie in der Milz.

Von den Lymphzellen werden körperfremde Stoffe erkannt und die Bildung von spezifischen Antikörpern gesteigert.

Merke: Aufgenommene Nahrung muss zerkleinert, verarbeitet und in ihre Bestandteile sortiert werden. Für den Körper Nützliches wird zu den einzelnen Zellen des Körpers transportiert, während andere Stoffe, die für den Organismus unbrauchbar sind, schnellstmöglich ausgeschieden werden müssen.

Durch den Stoffwechsel wird der Körper mit Energie versorgt, und Körpersubstanz kann aufgebaut und Körperfunktionen am Laufen gehalten werden.

Wie helfen die EM nun dem Stoffwechsel?

Effektive Mikroorganismen können nun auf zwei Arten den Stoffwechsel unterstützen. Zum einen kann man Problemen vorbeugen, indem man in kritischen Phasen (z.B. während des Fellwechsels oder in anderen Stresssituationen) mit EM hilft, Störungen im Darm zu vermeiden. Im Krankheitsfall dagegen kann die Balance der Darmflora wieder ins Gleichgewicht gebracht werden. Schließlich wissen wir nun, dass ein großer Teil des Immunsystems seinen Sitz im Darm hat, und ein gesunder Darm bedeutet auch eine gute Chance auf einen gesunden Organismus.

Wenn das Milieu im Darm im Gleichgewicht ist, so haben die Mikroben im Darm die Möglichkeit, viel größere Mengen von Nährstoffen aus dem Futter zu verwerten und zudem wichtige Stoffe, wie unter anderem Vitamine, herzustellen.

Die Effektiven Mikroorganismen helfen also, dass aufgenommenes Futter viel besser verwertet werden kann. Das kann zudem bedeuten, dass sogar in manchen Fällen weniger Futter benötigt wird, einfach deshalb, weil die aufgenommene Menge besser für den Körper nutzbar gemacht wurde. Dies muss aber immer individuell angeschaut und Futterpläne immer passend für jedes Tier zusammengestellt werden.

Auch die Ausscheidungen der Tiere sind nun mit einer positiven Mischung an Mikroben besiedelt. Das wiederum bedeutet, dass auch weniger schädliche Gase entstehen, wenn der Kot sich zersetzt. Gerade bei Tieren wie Pferden, die im Stall gehalten werden, ist das ein entscheidender Pluspunkt für das Stallklima. Aber dazu später noch mehr.

„Stopp dem Mief“: Neutralisierung von schlechten Gerüchen

Gestank ist ein unangenehm empfundener Geruch, der auf uns Menschen meist eine abstoßende Wirkung hat. Meist sind es faulige oder jauchige Gerüche, die sogar ein Ekelgefühl auslösen können. Dass wir manche Gerüche als so unangenehm empfinden, ist auch eine Schutzreaktion des Körpers, der uns davor bewahrt, beispielsweise Verdorbenes oder Giftiges zu uns zu nehmen.

Schlechte Gerüche entstehen meistens als Folge von Zersetzungsprozessen, bei denen Fäulnisbakterien keine unwesentliche Rolle spielen. Was empfinden wir also als Gestank?

- Verderbende/verdorbene Lebensmittel
- Verwesung von Aas
- Verdauungsgase
- Bakterielle Zersetzung von Schweiß
- Chemische Reaktionen

Aber auch manche Insektenlockdüfte von Pflanzen, tierische Duftmarken oder Abwehrmechanismen (z.B. gegen Fressfeinde).

Auch Tiere nehmen Gerüche auf angenehme oder unangenehme

Weise wahr. Dabei müssen wir bedenken, dass Tiere jedoch eine andere Wahrnehmung von Gerüchen haben als wir. Nicht alles, was Menschen als angenehm riechend empfinden, ist auch für einen Hund oder eine Katze ein guter Duft. Und umgekehrt. Zudem haben viele Tierarten einen weitaus besser ausgeprägten und feineren Geruchssinn als wir.

Als Beispiel wollen wir an dieser Stelle den Hund genauer betrachten. Der Geruchssinn gehört bei Hunden zu den wichtigsten Sinnen. Das Riechvermögen kann als Eintritt in Emotionen und Gefühle wie zum Beispiel Sympathie oder Abneigung betrachtet werden. Ein Hund kann in etwa eine Millionen Mal besser riechen als der Mensch. Ungefähr zwei Drittel der Hirntätigkeit ist bei den meisten Hunden mit der Verarbeitung von Duftinformationen ausgelastet. Das Riechzentrum im Gehirn macht 10% des Hundehirns aus, beim Menschen ist es dagegen lediglich 1%. Bei bis zu 300 kurzen Atemzügen in der Minute werden die Riechzellen ständig mit neuen Geruchsinformationen versorgt.

Nun wurde schon erwähnt, dass Tiere und Menschen Gerüche auf unterschiedliche Weise beurteilen, und das kann manchmal zu Konflikten beim Zusammenleben führen – vor allem im Haus. Für eine Katzentoilette wird nur allzu gerne eine duftende, parfümierte Einstreu gewählt, die vor allem den Geruch des Katzenurins überdecken soll. Für den Mensch eine tolle Lösung. Aber auch Katzen haben, wie die Hunde, eine sehr feine und empfindliche Riechschleimhaut. Die Katze empfindet die parfümierte Einstreu deshalb als geruchliche Belastung und wird die Toilette vielleicht erst gar nicht benutzen und zieht stattdessen vielleicht lieber den Blumentopf vor. Ein Dilemma für Mensch und Katze.

An dieser Stelle kommen nun wieder unsere Effektiven Mikroorganismen zum Einsatz. Die EM haben die Eigenschaft, unangenehme Gerüche zu neutralisieren, wenn man damit regelmäßig die Toiletten und Liegeplätze der Tiere einsprüht.

Auch durch eine Fellpflege mit EM wird starker Eigengeruch eines Tieres oft gemildert. Durch die Einnahme von EM und damit einer besseren Futterverwertung können außerdem die Ausscheidungen der tierischen Mitbewohner „optimiert“ werden. Artgerechte Fütterung in Kombination mit den effektiven Mikroorganismen ist ein wichtiger Baustein für eine gut funktionierende Verdauung; und damit stinkt das „große Geschäft“ auch nicht mehr so unangenehm.

Nun haben natürlich auch die EM einen nicht unauffälligen Geruch (leicht säuerlich). Dieser Geruch wird aber von Tieren normalerweise nicht als unangenehm empfunden, und er verfliegt auch relativ schnell wieder. Ein wunderbarer Kompromiss also für Tier- und Menschennasen.

Gerüche im Großtierstall

Nicht nur zu Hause ist das Thema Geruchsbelästigung von Bedeutung, sondern auch im Großtierstall, etwa bei Pferden. Sie zählen zu den Lauf- und Fluchttieren, die eine sehr große und auch sehr leistungsfähige Lunge besitzen. Pferde sind deshalb aber auch sehr sensibel für Atemwegsproblematiken. Zu wenig Bewegung, zu wenig frische Luft, Staub oder „stinkende" Ställe führen sehr schnell zu Erkrankungen der Atemwege wie Allergien, Bronchitis oder Asthma. Es ist daher von großer Bedeutung, dass Pferde, die in Boxen gehalten werden, in gut belüfteten Ställen leben dürfen. Täglich muss gemistet werden, und es sollte möglichst staubfreie Einstreu verwendet werden. Effektive Mikroorganismen können dabei eine entscheidende Rolle für ein verbessertes Stallklima spielen. Durch die Verwendung der EM werden fäulnisbildende Prozesse stark reduziert und somit auch die Geruchsbildung. Auch der Ammoniak-Ausstoß wird verringert und Staub gebunden, was als besonderer Pluspunkt für die empfindlichen Pferdelungen zu bewerten ist. Der Pferdemist wird durch den Einsatz von EM schneller kompostiert.

Für große Bereiche werden jedoch auch relativ große Mengen an EM verbraucht. Dies wäre von daher ein Einsatzgebiet, bei dem sich das Ansetzen von EMa durch den Anwender wirklich rentiert und im Endeffekt hohe Kosten ersparen hilft.

Automatische Sprühanlage und Einspritzvorrichtungen können die Arbeit mit EM in großen Betrieben erleichtern. Für etwas kleinere Flächen eignet sich der Einsatz mit einer Rückenspritze (siehe Kapitel „Blitzeblank" Seite 67). Die Effektiven Mikroorganismen können dann regelmäßig für die Reinigung von Stall, Boxen, Paddock, Reitplatz oder Mistplatz eingesetzt werden. Dazu einfach mit EMa oder speziellen EM-Stallreinigern alle Flächen gleichmäßig einsprühen.

„Was glänzt denn da?“: Haut- und Fellpflege mit EM

Die Haut ist ein besonders wichtiges Organ und in seiner Gesamtheit zu betrachten. In erster Linie übt die Haut eine Schutzfunktion gegen chemische, mechanische und bakterielle Reize aus. Je nach Beanspruchung kann sie verschiedene Formen annehmen, wie zum Beispiel als Krallen oder Haare.

Außerdem fungiert die Haut als Sinnesorgan, über welches unter anderem Schmerz, Temperatur und Berührung wahrgenommen werden.

Durch ihre Schweiß- und Talgdrüsen ist die Haut ein wichtiges Ausscheidungsorgan.

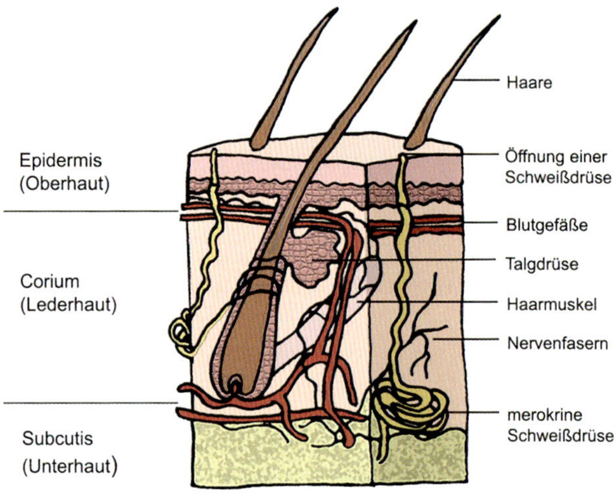

Stoffwechselprodukte wie Salze, Fette, Harn- oder Kohlensäure werden durch die Haut aus dem Körper ausgeschieden.

Auf der anderen Seite speichert die Haut aber auch Fette, Mineralstoffe, Vitamine, Flüssigkeit und Blut und ist deshalb genauso ein Speicherorgan! Auch übernimmt die Haut eine wichtige Funktion als Temperaturregulator.

So gibt sie bei Hitze Flüssigkeit ab, die dann verdunstet und kühlt. Bei Hunden und Katzen geschieht dies jedoch hauptsächlich über die Ballen und den Zwischenzehenbereich, da bei diesen beiden Tierarten vor allem an dieser Stelle Schweißdrüsen liegen. Zusätzliche Kühlung verschaffen sie sich über das Hecheln. Bei Kälte wiederum richten sich die Haare auf, die Durchblutung wird angeregt und die Talgdrüsen werden regelrecht „ausgequetscht".

Durch ihren Bestandteil an immunologisch fungierenden Zellen gewährleistet die Haut eine Abwehr gegen Reize aus der Umwelt, Bakterien und Viren, Allergene und Pilze. Jedoch können über die Haut auch Stoffe ins Körperinnere transportiert werden. Diesen Vorgang nennt man Resorption. Die Ventilation dagegen, die durch die Poren stattfindet, bezeichnet man auch als Hautatmung. Als Epidermisgebilde bezeichnet man zum Beispiel Krallen, Ballen oder Hufe, die in einem Verhornungsprozess entstehen. Sie weisen im Prinzip die gleichen Schichten auf wie die sonstige Haut. Sie haben meist eine Schutzfunktion.

Die Haare sind ein Bestandteil der oben erklärten Epidermis und bieten vor allem Schutz gegen Kälte und Hitze. Jedes Tier hat, je nach Körperregion, verschiedene Arten von Haar. Ein Haar ist ein biegsamer Hornfaden, der aus Keratin besteht. Jedes Haar kann in Länge, Dicke und Farbe unterschiedlich sein.

Die Hautflora

Die Haut unserer Tiere ist mit einem natürlichen Säureschutzmantel umgeben und auf ihr, genauso wie auf dem Fell, lebt eine große Anzahl an physiologischen Mikroorganismen. Dabei handelt es sich hauptsächlich um Bakterien und Pilze. Wir sprechen von der Hautflora, die für das Tier von besonderer Bedeutung ist, da sie (wenn intakt) gegen pathogene Bakterien schützt.

Wir unterscheiden vier verschiedene Arten:

- Residente Flora: Die natürliche Flora (auch Standortflora), die physiologisch auf der Haut vorhanden ist und nicht schadet. Sie schützt die Haut gegenüber pathogenen Keimen.
- Transiente Flora: Wird auch Kontaktflora genannt. Es sind Keime, die von außen auf die Haut gelangen und nur zeitweise vorkommen.
- Temporär residente Flora: Hierbei handelt es sich um Keime, die grundsätzlich pathogen sind, aber durchaus zur residenten Flora zählen. Es sind Bakterien, die längere Zeit die Haut besiedeln können, ohne Symptome zu verursachen.
- Infektionsflora: Die pathogene Flora. Diese Keime entstehen vor allem im Zusammenhang mit einer Läsion beziehungsweise Verletzung mit anschließender Infektion.

Haut- und Fellpfle[illegible] mit EM

Die Effektiven Mikroorganismen haben die Eigenschaft, die physiologische und gewünschte Flora der Haut zu unterstützen und damit auch die natürliche Schutzfunktion der Haut. Krankmachenden Keimen, wie bestimmten Bakterien und Pilzen (z.B. Staphylokokkus- oder Streptokokkus-Arten), wird ganz einfach der Nährboden entzogen, und diese können dann die Schutzbarriere der Haut nicht durchdringen. Die Stoffe, die durch die EM produziert werden, haben einen pflegenden Effekt auf die Haut und das Fell. Gleichzeitig werden auch unangenehme Gerüche neutralisiert, und das Fell wird schön glänzend.

EMa kann dazu mit Wasser verdünnt in eine Sprühflasche gegeben werden. Die Verdünnungsstufen können dabei variieren, Verdünnungen von 1:5 (ein Teil EMa auf 5 Teile Wasser) aber auch 1:10 bis 1:100 sind bei der Fellpflege gebräuchliche Mischungen. Hier kann man individuell entscheiden, wieviel benötigt wird und was dem jeweiligen Tier gut tut. Der Handel bietet zudem schon einige spezielle EM-Fellpflegeprodukte, die noch weitere Zusätze aus der Naturheilkunde, wie zum Beispiel Ringelblume, enthalten. Gleichmäßig das Fell von Tieren wie Hunden, Katzen, Meerschweinchen oder Pferden einsprühen oder (bei ängstlichen Tieren) mit einem getränkten Tuch abreiben. Besteht eine akute Problematik der Haut, kann das EM auch unverdünnt benutzt werden. Zu beachten ist hierbei, dass die unverdünnte Anwendung auf entzündeter oder offener Haut zunächst etwas brennen kann. Das Brennen vergeht jedoch recht schnell und wird von den meisten Tieren erstaunlich gut toleriert.

„Blitzeblank“: Stall-, Käfig- und Umgebungsreinigung

Heimtiere wie Hunde, Katzen oder Kaninchen, die im Haus gehalten werden, bringen zwangsläufig auch Haare, Dreck, Gerüche und manchmal Bakterien oder Parasiten mit sich. Ein Haushalt mit Tieren

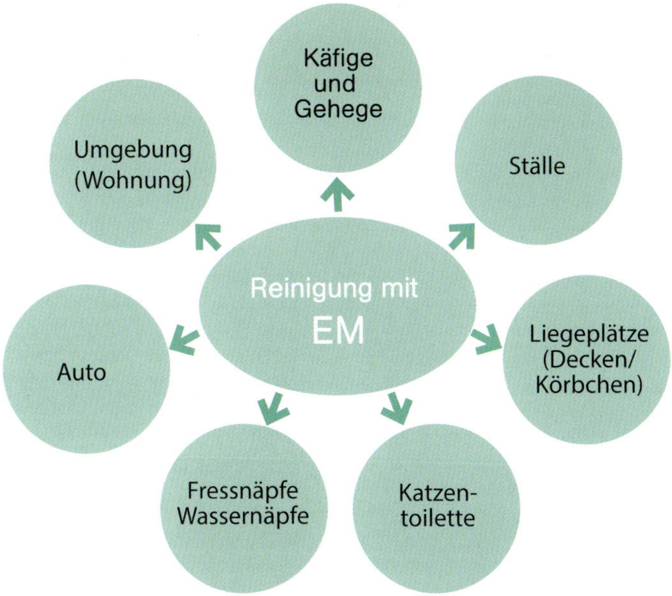

steht entsprechend immer gleichzeitig vor einem hygienischen Problem.

Bis zu einem gewissen Maße schadet dieser Dreck, genauso wie eine „überschaubare“ Anzahl an Bakterien oder Parasiten, jedoch weder den Tieren selbst noch uns Menschen. Ganz im Gegenteil, eine übertriebene Hygiene kann sogar schädlich sein, denn ungewollt schafft man dadurch oft eine Grundlage, auf der sich pathogene Keime sogar noch besser vermehren können. Viele Keime werden auch resistent gegen bestimmte Desinfektionsmittel.
Allerdings darf man auf der anderen Seite natürlich auch nicht vergessen, dass es je nach Erreger und Abwehrlage des Immunsystems von Mensch und Tier zu Erkrankungen kommen kann, so dass es ganz ohne Hygienemaßnahmen am Ende eben auch nicht geht.

Aus diesen Gründen müssen Käfige, Gehege, Ställe und die Umgebung, in denen sich die Tiere aufhalten, in regelmäßigen Abständen gereinigt werden. Besonders dann, wenn schon ein Krankheitsfall vorliegen sollte.

Wenn es nun um die Wahl der Reinigungsmittel geht, muss man beachten, dass viele chemische Reiniger dem menschlichen oder tierischen Organismus schaden können. Außerdem leidet auch die Umwelt. Nicht zu vergessen die oben erwähnte Möglichkeit, dass Bakterien gegen diese Mittel auch resistent werden können.

Eine gute und oft auch bessere Alternative sind deshalb Reiniger auf natürlicher Basis, wie zum Beispiel Essigreiniger und vor allem natürlich auch die Effektiven Mikroorganismen.

Gereinigt werden können mit EM zum Beispiel Liegeplätze, Käfige und Stallungen. Ebenso die Fress- und Wassernäpfe oder die Katzentoilette, diverse Käfig-Einrichtungen, das Auto und generell die Umgebung, in der sich die Tiere aufhalten oder in der sich Schmutz und Gerüche bilden können.

Was ist überhaupt eine sinnvolle Hygiene?

Grundsätzlich sollte man sich vor Augen halten, dass jede Oberfläche mit Mikroben besiedelt ist. Egal ob wir hier von einem Fußboden, dem Telefon, dem Hundekörbchen oder der Haut von Mensch und Tier sprechen. Auf allem „wohnt" eine natürlich Flora, die optimaler Weise im perfekten Gleichgewicht aus positiven und negativen Keimen besteht. Wobei optimal an dieser Stelle bedeutet, dass die guten Bakterien in der Überzahl sind.

Selbst die Luft, die wir atmen, ist natürlich nicht steril und mit Mikroorganismen besiedelt. Wir atmen sie ein, und wir atmen sie auch wieder aus.

Aus diesen Tatsachen kann man ableiten, dass mit Sicherheit jede

Oberfläche, die wir eben noch desinfiziert haben, innerhalb kürzester Zeit wieder neu besiedelt wird. Deshalb erscheint auch eine Desinfektion ohne bewusste Neubesiedelung mit physiologischen und guten Mikroben keinen großen Sinn zu machen, wenn man pathogener Flora keine Angriffsfläche bieten möchte.

Reinigung auf Basis der Effektiven Mikroorganismen

Der erste Schritt ist, eine Sauberkeit herzustellen, die auch dem Zweck angemessen ist. Vergleichen wir die Sauberkeit, die hoffentlich in unserer Küche oder in unserem Schlafzimmer herrscht, mit einem Gehege, in dem Meerschweinchen oder Kaninchen leben, so lässt sich dies selbstverständlich nicht gleichsetzen. Die Ansprüche an den Grad der Sauberkeit sind hier ganz einfach unterschiedlich.

Sauberkeit bedeutet vor allem nicht Sterilität. Sterilität lässt sich sowieso nicht lange aufrechterhalten und sollte im normalen Alltag ganz sicher nicht das hygienische Ziel sein. Sauberkeit heißt vielmehr, möglichst wenig organische Substanzen und Dreck in größerem Umfang zuzulassen.

Außerdem bedeutet es auch noch, so viele positive Mikroben wie möglich auf allen Oberflächen zu haben; denn dominiert die positive Bakterienflora, bleibt für die krankmachende schlicht und ergreifend kein Platz mehr.

Käfige, Käfigutensilien, Futter- und Wassernäpfe, Hunde- und Katzenkörbchen und alles, was sonst noch einer Reinigung bedarf, wird dazu zunächst mit (heißem) Wasser gewaschen. Sind Fettreste im Spiel, muss man oftmals auch einen Fettlöser benutzen. In den meisten Fettlösern sind sogenannte Tenside enthalten, die die Eigenschaft haben, lose Teilchen anziehen. Im Umkehrschluss binden sie sich aber auch an die zu reinigenden Gegenstände an, weshalb unbedingt sehr intensiv nachgespült werden muss. In dieses Nachspülwasser empfiehlt es sich, schon etwas von den EM zuzugeben. Alternativ kann man auch gleich zu einem EM-Reiniger greifen, von denen es mittlerweile schon zahlreiche Varianten auf dem Markt gibt.

Die Milchsäuremikroben aus den EM-Produkten besiedeln die Oberflächen und halten die Plätze besetzt. Sie treten sozusagen als „Futterkonkurrenten" für negative Mikroben auf. So haben pathogene Mikroorganismen viel weniger Chancen, sich weiter zu vermehren.

Stall- und Außenreinigung

Bei der Reinigung von großen Außengehegen oder Pferdeställen eignen sich vor allem spezielle Stallreiniger, mit denen sich das Klima im Gehege nachhaltig verbessern lässt. Besonders Fäulnis, Gerüche und Ammoniak-Gase können so reduziert werden. Durch den Einsatz von EM wird gleichzeitig auch die Bildung von Staub oder Schimmelsporen verhindert. Auf diese Weise kann mit Hilfe der EM ein gesundes Klima im Gehege und in den Ställen entstehen.

Da sich in diesen Fällen meist um relativ große Flächen handelt, kann man den Stallreiniger einfach mit Hilfe einer Gartenspritze versprühen.

Thema Weidepflege mit EM

Pferdebesitzer, die Ihre Tiere in Eigenregie halten, müssen sich zwangsläufig auch mit dem Thema Weidepflege auseinandersetzen. Um Pferdeweiden gesund zu halten, müssen diese zunächst einmal groß genug sein. Mindestens 0,5 bis 1 Hektar Fläche pro Pferd müssen zur Verfügung stehen, damit alle Tiere satt werden können. Regelmäßiges Absammeln der Pferdeäpfel (um Parasitenbefall zu vermeiden) steht dann ebenso auf dem Programm wie das Mähen der Kotplätze. Um die Grasnarbe zu schonen, müssen die Pferde regelmäßig umgestellt werden, so dass sich die Weide wieder erholen kann. Auch auf Giftpflanzen hin muss ganz regelmäßig kontrolliert werden.

Werden EM bei der Pflege der Weide eingesetzt, verbessern sich die Lebensbedingungen für alle Pflanzen (also Gräser und Kräuter), und es können so die Voraussetzungen für einen artenreichen Aufwuchs geschaffen werden.

Bei regelmäßiger Anwendung der EM kann die Nährstoffversorgung der Weidepflanzen verbessert werden. Eine Bodenverdichtung kann vermieden werden, und die Durchlüftung des Bodens verbessert sich. Dieser Prozess kann jedoch ein paar Jahre dauern, so dass man nicht immer sofort die Vorteile des Einsatzes von EM sieht. Hier gehört ein wenig Geduld unbedingt dazu.

Zu Beginn der Anwendung beziehungsweise die ersten ein bis zwei Jahre können ca. 20 Liter EM-Bodenhilfsstoff pro Hektar mit Wasser vermischt und auf die Weide gespritzt werden. Das Ganze sollte vier bis sechsmal im Jahr geschehen. Man beginnt dabei vor dem Beginn der Vegetation und beendet die Anwendung mit den EM kurz vor Ende der Vegetation (im Herbst).

Später, wenn sich die Weiden durch die Pflege mit den EM verbessert haben, reichen zwei bis drei Anwendungen im Jahr.

„Das Tapfere Schneiderlein": Weniger Fliegen im Stall

Fliegen gehören zur Klasse der Insekten, und ihr lateinischer Name ist Brachycera. Sie werden im Schnitt zehn bis vierzig Tage alt, und es gibt sie überall auf unserer Welt.

Sie sind tagaktiv und fressen wirklich alles, was aus organischem Material ist, auch Kot ist hier mit eingeschlossen.

Fliegen sind für uns Menschen nicht nur einfach lästig, sie können sogar Krankheiten übertragen. Aus diesem Grund sollte man auch Essen nicht unbedingt draußen unbeaufsichtigt lassen, denn schnell haben sich sonst die ersten Fliegen darauf niedergelassen.

Da Fliegen keine lange Lebenszeit haben, müssen sie sich relativ schnell vermehren, und so legt eine weibliche Fliege in ihrem Leben normalerweise mehrere hundert Eier. Für die Ablage ihrer Eier benötigen die Fliegen einen geeigneten Ort.

In Tierställen wird durch die Tiere viel Mist und Urin in den Ställen produziert, und es kann sich entsprechend ein fauliges Milieu ausbilden.

Das faulige Milieu wiederum zieht die Fliegen an, da sie Fauliges fressen und zudem genau dieses Milieu gebraucht wird, damit sich die Eier entwickeln können. Aus den Eiern schlüpfen die Fliegenmaden und dann wieder eine Masse neuer Fliegen. Der Kreislauf beginnt von vorne.

Wie kann EM dem entgegenwirken?

Wie vorangegangen schon eingeleitet, haben EM die Eigenschaft, Fäulnisprozesse zu reduzieren.

Wird dem Mist nun EM zugegeben, kann dieser Kreislauf durchbrochen werden, da weniger Fäulnisprozesse stattfinden und so den Fliegen eine Nahrungs-Grundlage entzogen wird sowie ein Milieu, in dem sie sich wohlfühlen und vermehren können.

Als besonders effektiv hat sich die Stallreinigung mit EM oder auch anwendungsfertigen EM-Stallreinigern erwiesen. Zu Beginn sollte dazu zwei bis drei Wochen lang vier Mal in der Woche der ganze Stall mit den EM gereinigt werden. Auch hier haben sich die Rückenspritzen wieder als sehr hilfreich für große Flächen gezeigt. Später können die Anwendungen in ihrer Häufigkeit reduziert werden und nur bei Bedarf (zum Beispiel im Sommer, wenn die Fliegen besonders aktiv sind) wieder erhöht werden. Auch der Misthaufen sollte bei diesen Maßnahmen nicht vergessen werden.

Zusätzlich ist es zu empfehlen, auch bei der Fütterung der Tiere die Effektiven Mikroorganismen einzusetzen; denn durch die optimierte Fütterung entsteht schon weniger Potenzial für Fäulnisprozesse in den Ausscheidungen selbst, zudem riecht der Mist weniger „streng“.

Werden Tierställe also mit EM behandelt, so schlägt man im wahrsten Sinne des Wortes gleich zwei Fliegen mit einer Klappe: Die Belästigung der Tiere durch Fliegen wird geringer und es sinkt zudem die Gefahr der Übertragung von Krankheiten. Auch wir Menschen profitieren davon, denn wir müssen uns nicht mehr mit den Fliegenplagen herumschlagen und freuen uns über gesündere Tiere im Stall.

„Lebenselixier Wasser": Wie man mit EM das Trinkwasser aufwerten kann

Als die Grundlage allen Lebens können wir das „Wasser" nennen. Auch wenn es so unscheinbar wirkt: Nichts Lebendiges funktioniert auf dieser Erde ohne das nasse Element. „Der Anteil der Wasserfläche beträgt ca. 361,2 Mio. km² (71 %)" (Quelle: Wikipedia).

Säugetiere bestehen, je nach Art und Alter, im Schnitt aus 50 bis 80% Wasser. Menschen und Tiere, aber auch die Pflanzen sind abhängig von einer ausreichenden Versorgung mit Wasser, denn sonst stirbt der Organismus.

Erlebt der Organismus ein Wasserdefizit (auch wenn es vielleicht nur ein geringes Defizit ist), kann man meist schon die ersten Einschränkungen in der Leistungsfähigkeit und im Allgemeinbefinden generell feststellen. Fehlt Wasser, kann es zu Müdigkeit, Konzentrationsschwäche, Kopfschmerzen und sogar Schmerzen oder Verdauungsstörungen kommen.

Je größer das Wasserdefizit ist, umso mehr geht der Körper in Alarmbereitschaft. Irgendwann werden nur noch die wichtigsten Organe, wie das Gehirn, mit Wasser versorgt. Im Rest des Körpers bricht der Notstand aus. Ab einem Wassermangel von ca. 20% kann es zum Verdursten kommen.

Wasser ist aber nicht nur in Form von Trinkwasser wichtig. Wasser in Form von Meeren, Flüssen oder Seen ist auch ein Lebensraum für viele Tiere und Pflanzen.

Ein gewissenhafter Schutz unserer Wasserressourcen und ein schonender Umgang sollte aus diesen Gründen eigentlich selbstverständlich sein.

Aber was genau ist Wasser eigentlich?

In der Chemie erklärt sich Wasser (H_2O) als eine Verbindung aus Wasserstoff (H) und Sauerstoff (O). Typischerweise ist der Aggregatzustand von Wasser flüssig. Aber es kann auch frieren und zu Eis werden oder einen gasförmigen Zustand einnehmen in Form von Wasserdampf.

Die einzelnen Moleküle des Wassers bilden sogenannte Wasserstoffbrücken, um untereinander lockere Verbindungen halten zu können. Diese Verknüpfungen von Wassermolekülen bezeichnet man auch als Cluster, was ein Begriff aus dem Englischen ist und nichts anderes heißt als „Bündel", „Gruppe" oder „Haufen".

Sind die Cluster größer und relativ lose, dann ist das Wasser eher träge. Bei kleinen, strukturierten Clustern weist das Wasser eine höhere Energie auf. Cluster existieren dabei übrigens immer nur eine ganz kurze Zeit. Nicht einmal eine Sekunde besteht so eine Verbindung aus Wassermolekülen, aber genauso schnell findet sich auch wieder eine neue.

Die Qualität von Trinkwasser ist dabei nicht immer gleich, sondern kann stark variieren.

Für Trinkwasser aus dem Wasserhahn bestehen in Deutschland übrigens höhere Qualitätsanforderungen als für industriell abgefülltes Wasser (sogenanntes Tafelwasser, Mineralwasser). Letzteres muss im Gegensatz zu natürlichem Trinkwasser nicht „ursprünglich rein" sein. Es darf aufbereitet und vermischt werden.

Trotzdem ist Ihnen vielleicht schon einmal aufgefallen, dass Ihr Hund oder Ihre Katze oft lieber das Regenwasser aus der Pfütze trinkt als das frische Leitungswasser aus dem Hahn?

Das hat ein paar ganz einfache Gründe. Das Regenwasser ist mit einem durchschnittlichen pH-Wert von 6,2 – 6,4 leicht sauer. Leitungswasser dagegen ist meist eher basisch und für die Tiere deshalb geschmacklich unattraktiver. Auch können Chemikalien wie Chlor im Leitungswasser enthalten sein, das hat hygienische Gründe, ist aber ebenfalls für das empfindsame Geschmacksempfinden der Vierbeiner ein Minuspunkt. Zu guter Letzt können auch Rückstände aus alten Leitungssystemen im Wasser vorhanden sein.

Unser normales Leitungswasser ist zudem nicht so fein strukturiert wie Regenwasser. Gibt man nun aber EM Keramik Pipes in den Wassernapf, können dadurch die Cluster im Wasser verkleinert und energiereicher gemacht werden.

Gleichzeitig verbessert es auf diese Weise die Fähigkeit des Wassers, Nähr- und Mineralstoffe besser in die Zellen unserer Haustiere einzuschleusen. Auch Schadstoffe können im Gegenzug besser ausgeleitet werden.

Tiere, deren Wassernäpfe oder Tröge mit Keramik Pipes bestückt wurden oder die sogar gänzlich aus EM-Keramik bestehen, gehen dann auch lieber an ihr Trinkwasser und trinken oft auch mehr. Gerade bei Katzen, die leider oft eher zu wenig trinken, kann man in vielen Fällen eine deutliche Steigerung der Trinkmenge feststellen. Hat man Angst, dass einzelne kleine Keramik Pipes im Wassernapf verschluckt werden könnten, so kann man einfach mehrere der Pipes auf einer Schnur aufreihen und dann zusammenbinden.

Ist der Gartenteich automatisch die bessere Wasserquelle?

Man muss bedenken, dass nicht jedes stehende Gewässer von guter Qualität ist.

Pfützen und stehende Gewässer, wie kleine Teiche oder Tümpel, mögen vielleicht eine gute Wasserstruktur haben, können aber auch schädliche Stoffe enthalten wie Umweltgifte, Bakterien oder Parasiten. In solchen Fällen kann es bei unseren Vierbeinern zu Erkrankungen kommen, und man sollte nach Möglichkeit beispielsweise den Hund beim Gassigang nicht aus jeder beliebigen Pfütze trinken lassen. Auch der eigene kleine Gartenteich kann ein Problem sein, wenn die Wasserqualität nicht stimmt.

Ein überschießendes Algenwachstum und/oder eine Trübung des Wassers sowie geruchliche Veränderungen sind ein untrügliches Zeichen, dass die physiologischen Mikroben im Wasser ihren Aufgaben nicht mehr nachkommen, das Wasser vor Verunreinigung zu beschützen.

Auch für dieses Problem bieten die Effektiven Mikroorganismen eine tolle Lösung.

Zunächst aber steht einmal die Ursachenforschung im Vordergrund. Gibt es besondere Faktoren, wie zum Beispiel viel organisches Material (z.B. Laub) im Teich, was dort nicht hingehört? Dann muss der Teich natürlich zunächst einmal gereinigt werden.

Um nun die Dominanz der pathogenen Mikroben zu unterbrechen, werden die EM ins Spiel gebracht, um das Milieu wieder ins Gleichgewicht zu bringen. Da die einzelnen Stämme der EM unterschiedlich wirken, muss man jedoch auch ein wenig Geduld mitbringen. Letztlich werden die Effektiven Mikroorganismen aber die gewünschte Mikrobenflora soweit stärken, dass sie gegenüber der pathogenen Flora wieder in Dominanz gehen kann.

5

Erste Hilfe von A – Z für Tiere mit EM

Dieses Kapitel beschäftigt sich nun ganz konkret mit ausgesuchten Krankheitsbildern, von denen viele Tierarten wie Hunde, Katzen, Pferde, Meerschweinchen und andere häufig betroffen sind. Jede Erkrankung wird definiert, Ihre Ursachen erklärt, die Symptome beschrieben und mögliche Diagnoseverfahren vorgestellt. Ich möchte darauf hinweisen, dass all dies nicht die Diagnose durch einen erfahrenen Tierarzt oder Tierheilpraktiker ersetzen kann und im Zweifelsfall immer ein Therapeut zu Rate gezogen werden sollte.

Bei den Behandlungsvorschlägen mit den effektiven Mikroorganismen, die das Thema dieses Buches sind, handelt es sich um eine Möglichkeit von vielen, um bei der jeweiligen Erkrankung unterstützend einzugreifen. Auf die weiteren Therapiemöglichkeiten soll dieses Buch jedoch nicht näher eingehen. Es sei aber gesagt, dass sich die EM mit den meisten anderen Therapieverfahren ganz wunderbar kombinieren lassen. Ich selbst habe schon die Erfahrung gemacht, dass Tiere, die regelmäßig EM bekommen, oft auch auf andere naturheilkundliche Verfahren, wie zum Beispiel die Homöopathie, besonders gut ansprechen.

Allergie

Definition

Unter einer Allergie versteht man eine Überempfindlichkeitsreaktion des Organismus. Nach einer Sensibilisierung des Organismus durch meist körperfremde Stoffe kommt es dabei zu einer überschießenden und unphysiologischen Reaktion.

Es gibt dabei die Allergie im eigentlichen Sinne, die Atopie (eine erbliche Überempfindlichkeit) sowie die Anaphylaxie (eine akute, krankhafte Reaktion des Immunsystems des Tieres auf chemische Reize).

Allergien können alle Haustierarten betreffen, besonders häufig treten Sie jedoch bei Hunden, Katzen oder Pferden auf.

Symptome

Bei einer Allergie können lokale oder allgemeine Symptome auftreten, entweder des Sofort- oder des Spättyps.

Je nach Art des Allergens kann es zu Schwellungen und Rötungen der Haut oder Schleimhäute kommen; dazu eventuell Nasenausfluss, Niesreiz oder auch trockene und gereizte Nasenschleimhäute.

Auch die Augen können betroffen sein und mit Juckreiz, Tränen, Brennen und/oder Rötung reagieren.

Ein typisches Symptom, das neben den Schleimhäuten der Nase und Augen vor allem die Haut betrifft, ist ein quälender Juckreiz. Betroffene Tiere schütteln, kratzen, scheuern oder wälzen sich dann besonders auffällig und häufig.

Bei Inhalationsallergenen reagiert auch der Atmungsapparat. Es kann zu allergischer Bronchitis kommen bis hin zu Asthma-Anfällen.

Liegt eine Unverträglichkeit gegen ein Futtermittel oder einen der Zusatzstoffe vor, macht sich dies dann meist wie folgt bemerkbar:

Verdauung → Erbrechen, Durchfall (stinkend, dünn bis breiig), häufiges Aufstoßen, Blähungen, aufgedunsener Bauch, unphysiologisch große Kotmengen, Übergewicht, unangenehmer Körper- oder Maulgeruch.

Haut → extremer Juckreiz, Ekzeme, Quaddeln, vor allem an unbehaarten Stellen wie Bauch, Pfoten und Achseln, aber auch Haarausfall an Kopf, Hinterteil oder Rumpf.

Mentale Symptome → chaotisches, destruktives Verhalten; herabgesetzte Lernfähigkeit; unerschöpfliche Energie bis zur völligen Erschöpfung oder Lecken, Knabbern, Kratzen bis zur Selbstverletzung von Pfoten oder Schwanz; Heißhungerattacken oder Futterverweigerung; übermäßige Angstsymptome und Panikattacken; übermäßige Unruhe; Nervosität und Hyperaktivität.

Ursachen

Allergene, die dann Auslöser für die Symptomatik sein können, sind unter anderem:

- In der Luft → Pollen, Ozon, Abgase, Sprays, Parfüm, Tabakrauch, Toxine von Milben oder Schimmel
- Im Wasser → Reinigungsmittel, Spül- oder Putzmittelreste, Shampoos, Salze, Pestizide oder Metalle
- Medikamente → Salben, Tabletten, Tropfen, Injektionen, Shampoos, Wurmmittel, Impfungen, aber auch naturheilkundliche Mittel wie zum Beispiel Teebaumöl
- Parasiten → Flöhe, Bienen, Milben
- Feststoffe → Düngemittel, Wolle, Appreturen in Liegedecken, Farbstoffe, Nickel oder Chrom, Flohhalsbänder, Chemie in Bodenbelägen, Holzimprägnierer, gefärbtes Spielzeug, Plastikschüsseln

- Zusätzliche Stressfaktoren → große Mengen an unnatürlichen Reizen und zu wenig an natürlichen Reizen (Lauftrieb, Klimareize, Sexualtrieb, Kontakt zu Artgenossen)

Diagnose

Die Diagnose einer Allergie ist bei Tieren meist schwierig und die Ergebnisse in vielen Fällen eher unbefriedigend.

Über Bluttests kann versucht werden, das auslösende Allergen einzugrenzen. In der Regel gibt es dazu schon verschiedene Vortests. Aber auch bestimmte Blutparameter können hilfreich sein. Erhöhte eosinophile und basophile Granulozyten sind häufig ein Hinweis auf ein allergisches Geschehen. Auch bei einer immunologischen Untersuchung kann durch erhöhte Immunglobuline (IgE) die Diagnose eingegrenzt werden.

Beim Verdacht auf eine Futtermittelallergie hilft häufig nur eine Eliminationsdiät. Das bedeutet, dem betroffenen Tier werden über sechs bis acht Wochen nur wenige, ausgesuchte Futtermittel verfüttert, die es möglichst vorher noch nie bekommen hat. Im Anschluss werden dann Komponenten dazugenommen oder weggelassen beziehungsweise ausgetauscht.

Hilfe mit EM

Um eine Allergie möglichst erfolgreich zu therapieren, muss zunächst abgeklärt werden, um welche Art von Allergie es sich handelt. Dann müssen vorrangig die Ursachen (soweit das möglich ist) ausgeschaltet werden.

In sehr schweren Fällen kann zunächst eine symptomatische Behandlung versucht werden, um die Symptome zu lindern. Dazu muss jedoch gesagt werden, dass eine symptomatische Therapie nie zu einer Heilung führen kann.

Basis einer Behandlung bildet immer eine Umstimmung der Darmflora. Dazu können die Effektiven Mikroorganismen genutzt werden. Nach einer langsamen Eingewöhnung über mindestens fünf Tage wird EMa flüssig regelmäßig in der höchsten Dosierung zum Futter dazugegeben. Die guten Mikroben unterstützen die natürliche Darmflora des Darmes, so dass diese ein optimales Milieu im Darm herstellen kann. Ein gut funktionierender Darm wirkt gleichzeitig regulierend auf das Immunsystem. Bei einer Allergie sollten nämlich keine Mittel verabreicht werden, die das sowieso schon überreagierende Immunsystem zusätzlich anstacheln (wie z.B. Echinacea). Vielmehr muss das Immunsystem wieder ins Gleichgewicht gebracht werden.

Sollten durch die Allergie auch äußerliche Symptome auftreten, wie Juckreiz, Entzündungen der Haut oder Ekzeme, so sollte auch an eine lokale Behandlung mit den EM gedacht werden.

Dazu verdünntes EM oder EMa gleichmäßig auf Haut und Fell aufsprühen und eventuell etwas einmassieren.

Augenentzündung

Definition

Die Bindehaut des Auges (im lateinischen *Konjunktiva* genannt) ist eine feine Schleimhaut. Diese liegt dem Augapfel in der vorderen Augenhöhle auf und bedeckt ihn bis zum Anfang der Hornhaut. Die Bindehaut wird durch viele kleine Drüsenzellen feuchtgehalten, damit das Auge bei Bewegung gleiten kann. Besiedelt wird die Bindehaut von Zellen der Immunabwehr, wodurch Schutz gegen schädliche Eindringlinge gewährleistet wird. Manchmal jedoch kann es zu einer Entzündung kommen.

Eine Entzündung der Augen wird in der Fachsprache auch *Konjunktivitis* genannt. Unterschieden wird in infektiöse und nicht infektiöse Bindehautentzündungen.

Symptome

Am auffälligsten ist normalerweise die starke Rötung des Auges (Gefäßinjektion der Konjunktiva).

Es kann zudem zu Juckreiz, Schwellung, Lichtscheue und Augenausfluss verschiedener Konsistenz und Farbe kommen.

Teilweise kommt es einfach nur zu erhöhtem Tränenfluss, da die Drüsen auf Hochtouren arbeiten. Je nach Ursache der Entzündung kann der Ausfluss aber auch zähflüssig und eitrig sein (zu erkennen an gelblich bis grünlicher Färbung).

Ursache

In vielen Fällen wird eine Konjunktivitis durch eine physikalisch-chemische Reizung ausgelöst. Das kann beispielsweise durch Staub, Gase oder Zugluft geschehen. Auch Veränderungen an den Lidern wie Ektropium oder Entropium können die Bindehaut reizen.

Es kann durch Pollen zu einer allergisch bedingten Bindehautentzündung kommen oder es besteht ein Mangel an Tränenflüssigkeit oder Vitamin A.

Verschiedene Erreger wie Bakterien, Pilze oder Viren können ebenfalls Ursache sein.

Eine Augenentzündung kann auch symptomatisch im Rahmen anderer Erkrankungen auftreten, wie zum Beispiel:

- Myxomatose (Kaninchen)
- Staupe
- Katzenschnupfenkomplex
- Pferdegrippe

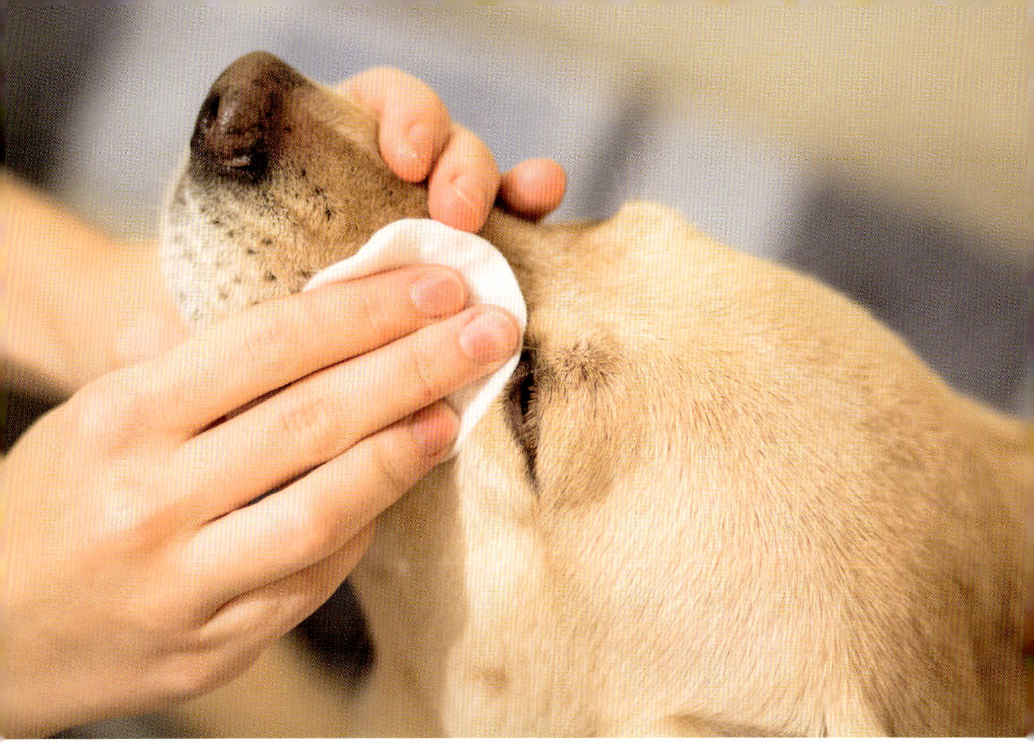

Diagnose

Zunächst muss das Auge gründlich von einem Tiertherapeuten untersucht werden, denn bei jeglichen Problemen mit den Augen empfiehlt es sich unbedingt, eine Diagnose stellen zu lassen. Beim Tierarzt kann eine Oberflächenanästhesie vorgenommen werden, so dass auch Übergangsfalten und Nickhäute inspiziert werden können. Bei Verdacht auf Beteiligung von Erregern wird ein Abstrich entnommen, um im Labor den Erreger genau bestimmen zu lassen. Tritt die Entzündung symptomatisch auf, muss auch eine Allgemeinuntersuchung stattfinden, um der Grunderkrankung auf den Grund zu gehen.

Hilfe mit EM

Zunächst muss als Basis für das weitere Vorgehen die Ursache gefunden und beseitigt werden. Liegt eine Erkrankung vor, die als Ursache für die Augenentzündung anzusehen ist, so muss diese natürlich parallel therapiert werden.

Das Auge beziehungsweise die Augenumgebung wird gründlich gereinigt, dabei muss höchste Hygiene gelten. Bei Augenspülungen muss auf Isotonie („von gleichem Druck" oder „mit gleicher Spannung") der Lösung geachtet werden.

Da auch das Auge beziehungsweise die Bindehäute eine eigene Flora besitzen, können auch hier die EM hilfreich sein, um den natürlichen Mikrobenbesatz zu stützen und pathogene Mikroorganismen zu verdrängen.

Es wird ca. 1 Tropfen auf 100ml abgekochtes (und dann wieder abgekühltes) Wasser gegeben. Sobald die Lösung nur noch körperwarm ist, kann die Augenumgebung mit einem fusselfreien Tuch mit der EM-Lösung gereinigt werden.

Blasenentzündung

Definition

Eine Blasenentzündung, in der Fachsprache auch *Zystitis* genannt, beschreibt eine Entzündung der Schleimhaut der Harnblase. Je nachdem welche Schichten der Blasenwand betroffen sind, wird die Blasentzündung in verschiedene Schweregrade eingeteilt. Es gibt die akute und die chronische Zystitis.

Symptome

Eine akute Blasenentzündung zeigt sich meist durch Schmerzen beim Harnabsatz (aufgezogener Rücken, Stöhnen, Schreien). Betroffene Tiere setzen dabei häufiger kleine Mengen Urin ab, und dieser kann dabei trüb, flockig oder gar blutig sein. In manchen Fällen kann auch das Allgemeinbefinden gestört sein, und es kann auch Fieber geben. Bei der chronischen Blasenentzündung sind die Symptome meist weniger heftig. Was man dann jedoch äußerlich nicht sehen kann, ist die mögliche Symptomatik, wie eine Verdickung der Blasenwand oder eine große, überdehnte Blase.

Ursachen

Die häufigste Ursache sind Bakterien (zum Beispiel E. coli, Streptokokken, Staphylokokken), die über die ableitenden Harnwege in die Blase eindringen. Im weiteren Verlauf (wenn unbehandelt) kann es auch zu einer Nierenbeckenentzündung kommen.

Auch Reizungen durch Harngries oder Blasensteine, Unterkühlung, Tumore der Harnblase, unsterile Katheterisierung oder Harnabsatzstörungen können eine Entzündung verursachen.

Eine gewisse Anfälligkeit für die Erkrankung besteht übrigens im Zusammenhang mit anderen Grunderkrankungen wie Cushing, Diabetes mellitus oder auch Harninkontinenz.

Diagnose

Neben den typischen Symptomen sollte auf alle Fälle eine klinische Harnuntersuchung vorgenommen werden. Schnell und einfach ist zunächst die Verwendung eines Teststreifens (Parameter wie Protein, Erythrozyten oder Leukozyten werden dabei abgefragt). Auch eine Untersuchung auf Bakterien ist sinnvoll, um die möglichen Erreger einzugrenzen.

Weitere Diagnosemöglichkeiten sind die Ultraschalluntersuchung oder eine Röntgenaufnahme.

Hilfe mit EM

Zunächst einmal muss natürlich die Ursache ausfindig gemacht und entsprechend abgestellt werden. Wärmeanwendungen (wenn dem Tier angenehm) und ausreichende Flüssigkeitszufuhr unterstützen die Therapie.

Da über den Urin bei einer Entzündung auch pathogene Keime ausgeschieden werden können, sollte auch auf Stall- und Käfighygiene besonders geachtet werden. Dazu sollten diese auch täglich mit EM eingesprüht werden.

Da besonders auf eine ausreichende Trinkmenge geachtet werden sollte, kann dem Wasser EMa flüssig beigemischt werden (Wasser täglich wechseln). Alternativ: EMa zum Futter und eine entsprechende Menge an EM Keramik Pipes in den Wassernapf legen.

Sollte die Symptomatik eine Antibiose (bei bakterieller Ursache) notwendig machen, so sind EMa flüssig oder Futter-Bokashi ideal, um die zerstörte Darmflora im Anschluss wieder zu regenerieren.

Durchfall

Definition

Durchfall (Diarrhoe) bezeichnet die zu häufige Abgabe von zu flüssigem Kot. Durchfall ist dabei immer nur als ein Symptom zu betrachten und stellt keine eigenständige Erkrankung dar. Er kann verschiedenste Ursachen haben, die immer abzuklären sind. Häufig begleitet er eine Enteritis oder Gastroenteritis (Darm- bzw. Magen-Darmentzündung).

Symptome

Der Durchfall als solcher ist der erste Hinweis darauf, dass im Verdauungstrakt etwas nicht in Ordnung ist. Dazu können je nach Schwere der Erkrankung noch Symptome wie Unruhe oder Teilnahmslosigkeit, Blähungen, Erbrechen und in schweren Fällen auch Blutbeimengungen im Kot kommen. Beim Betasten des Abdomens ist die Bauchdecke häufig gespannt und druckempfindlich.

Hinweis:
Akuter Durchfall ist übrigens in vielen Fällen harmlos und ist eine natürliche Reaktion des Körpers, um sich von etwas zu befreien, was dort nicht hingehört. Oft bessert sich die Symptomatik schon nach kurzer Zeit von ganz allein. Dauert der Durchfall jedoch länger an und ist dieser zudem von weiteren Problemen wie schlechtem Allgemeinbefinden, Fieber oder Schmerzen begleitet, muss unbedingt ein Fachmann zu Rate gezogen werden.

In Folge von heftigem und/oder lang anhaltendem Durchfall kommt es zu einem Wasser- und Elektrolyteverlust, der zur Austrocknung führen kann. Dies kann vor allem für sehr junge, alte oder schon stark geschwächte Tiere sehr gefährlich werden.

Ursachen

Die Ursachen für eine Durchfallerkrankung können wirklich sehr vielfältig sein. Die wichtigsten Ursachen sollen hier stichpunktartig notiert werden.

Parasitär:

- Würmer, Kokzidien
- Bakteriell:
  E. coli, Salmonellen, Staphylokokken
- Mykologisch:
  Aspergillus flavus, Candida spp
- Viral:
  Parvovirose, Staupe, H.c.c, Corona-, Rota-, Reoviren

Außerdem:

- Vergiftungen
- Verdorbenes Futter, falsches Futter, zu kaltes Futter
- Unterkühlung
- Giftstoffe
- Allergien
- Reizung durch Fremdkörper
- Stress

Diagnose

Für die Diagnose wird zunächst eine gründliche Anamnese gemacht, um möglichen Auslösern auf die Spur zu kommen. Wichtig ist dabei zum Beispiel, was das Tier gefressen und getrunken hat, ob Medikamente verabreicht wurden (z.B. Anibiotika), ob Kontakt zu anderen Tieren bestand oder schon eine bekannte Vorerkrankung besteht.

Bei lang anhaltendem und chronischem Durchfall sollte auf jeden Fall auch eine weiterführende Diagnostik betrieben werden, zu der eine Kotuntersuchung gehört, aber auch Blutwertetest, Ultraschall, Röntgenaufnahmen oder endoskopische Verfahren.

Hilfe mit EM

Nachdem die Ursachen für den Durchfall ausfindig gemacht und nach Möglichkeit ausgeschaltet wurden, stabilisiert man das mikrobielle Leben im Verdauungssystem mit Hilfe von EMa in der höchsten Dosierungsmöglichkeit für die jeweilige Tierart. Dadurch beruhigt sich der Durchfall schneller, und die Tiere können wieder Energie und die lebensnotwendigen Stoffe aus dem Futter aufnehmen. Bis dahin ist futtertechnisch Schonkost angesagt.

Um Durchfallerkrankungen vorzubeugen, ist es zudem durchaus sinnvoll, dauerhaft auf einen Besatz des Futters mit guten Mikroben zu achten und EM oder Futter-Bokashi regelmäßig zuzufüttern. Sollten dann pathogene Bakterien über das Futter oder über die Umgebung in das Tier gelangen, sind schon viele erwünschte Mikroben vorhanden, die eine Ansiedlung unerwünschter Keime verhindern können.

Ektoparasiten

Definition

Parasiten sind Organismen, die sich kurz- oder langfristig auf einem anderen Lebewesen aufhalten und über dieses ihre Nahrung beziehen und/oder ihren Wirt zu Zwecken der Fortpflanzung nutzen.

Ektoparasiten befallen speziell die Haut. Sie können dabei auf oder in der Haut vorkommen.

Symptome

Das häufigste und „quälendste" Symptom bei einem Befall mit Ektoparasiten ist der Juckreiz, der zum einen durch die Bewegung und zum anderen durch die Stoffwechselprodukte der Parasiten entsteht. Infolge des Juckreizes zeigt sich entsprechend häufiges Kratzen, Belecken oder auch Scheuern. Es kann zu Haarausfall kommen.

Haben wir es mit einem extrem starken Befall zu tun, so kann sich dies auch durch ein gestörtes Allgemeinbefinden und Leistungsabfall zeigen. Bei blutsaugenden Parasiten kann es sogar bis zu einer Anämie (Blutarmut) gehen.

Je nach Art der Parasiten besteht auch die Gefahr einer Krankheitsübertragung, wie etwa durch Zecken (Borreliose, Babesiose etc.).

Ursachen

Dass ein Lebewesen vermehrt von Parasiten befallen wird, deutet meist vor allem auf ein schwaches Immunsystem hin.

Begünstigt wird das zum Beispiel durch Fütterungs- oder Haltungsfehler (allem voran hygienische Mängel).

Typische Ektoparasiten, die sich dann auf unseren Haustieren niederlassen, sind:

1. INSEKTEN

- **Flöhe**
  Flöhe erreichen eine Länge von 1,5 bis 4,5 Millimetern. Bei den befallenen Tieren kommt es zu starkem, Juckreiz, und auf der Haut kann man rote Pünktchen und kleinere ekzemartige Veränderungen finden. Oft beobachtet man auch eine gewisse Nervosität bei den Tieren.
  Durch Flohstiche können auch Bakterien wie Streptokokken und Staphylokokken übertragen werden, welche wahrscheinlich auch verstärkt durch Kratzen zu Entzündungen an den Stichstellen führen.

- **Läuse**
  Läuse sind im Schnitt zwischen 1 – 6 mm groß und halten sich gerne in dicht behaarten Bereichen auf. Sie sind Blutsauger und ernähren sich alle zwei bis drei Stunden von ihrem Wirt. Die weiblichen Läuse legen Eier ab (sogenannte Nissen), die in Kapseln an die Haare angeklebt werden. Eine Übertragung von Tier zu Tier erfolgt meist bei direktem Körperkontakt.
  Bei einem Befall mit Läusen kommt es meist zu Juckreiz und dadurch auch zu vermehrtem Kratzen. Das Fell kann muffig riechen.

- **Haarlinge**
  Haarlinge sind meist am Kopf und an der hinteren Rückenpartie und in der Aftergegend zu finden, können aber überall auf dem Tier vorkommen.
  Es kommt zu Juckreiz mit Haarausfall und Hautveränderungen. Im weiteren Verlauf eines starken Befalls magern die betroffenen Tiere ab, sind stark geschwächt und besonders anfällig für Infektionen. Unbehandelt kann es dann auch zum Tod kommen.

- **Schmeißfliegenlarven**
  Die Schmeißfliegen legen ihre Eier vor allem in der Region des Afters der Tiere ab, wo sich die Maden von Gewebe und Wundsekreten ernähren. Betroffene Tiere sind am Anfang sehr unruhig, werden aber im weiteren Verlauf eher apathisch. Unbehandelt wird die Haut am After zerstört. Betroffen sind vor allem alte und schwache Tiere oder Tiere mit Vorerkrankung. Das Problem tritt bevorzugt im Sommer auf.

- **Diptera (Fliegen, Mücken, Bremsen etc.)**
  Die sogenannten Zweiflügler sind Parasiten, die für die Tiere vor allem lästig sind und im schlimmsten Fall auch Krankheiten übertragen können.

2. SPINNENTIERE

- **Ohrmilbe**

  Die Ohrmilbe findet sich normalerweise im Innenohr beziehungsweise im Gehörgang und ist nur bei sehr starkem Befall auch im Bereich der Ohrmuschel zu sehen.

  Betroffene Tiere schütteln häufig den Kopf, kratzen sich am Ohr und in heftigen Fällen kommt es sogar zur Kopfschiefhaltung. Im Gehörgang finden sich Schuppen, Rötungen, dunkelbraunes Sekret und ekzemartige Hautveränderungen.

- **Grabmilbe**

  Die Grabmilbe lebt unter der Haut. Sie siedelt vornehmlich zunächst an den Lippen und auf dem Nasenrücken an. Im weiteren Verlauf kann sich der Befall auch ausbreiten (z.B. Pfoten, Rücken). Symptome sind ein heftiger Juckreiz, Haarausfall und Hautläsionen. Betroffene Tiere sind unruhig und kratzen sich sehr viel. Bei starkem Befall und wenn dieser unbehandelt bleibt, magern die Tiere ab und können bei schweren Verläufen sogar daran sterben.

- **Raubmilbe**

  Die Raubmilbe findet sich in den oberen Hautschichten. Sie lebt von Hautpartikeln und anderen Milbenarten. Die Eier dieser Milbe finden sich am Haaransatz.

  Symptome sind Schuppen, Juckreiz, Haarausfall und Hautveränderungen, hauptsächlich im Bereich des Nackens und des Rücken. Bei sehr starkem und unbehandeltem Befall können die betroffenen Tiere abmagern.

- **Haarmilbe**

  Haarmilben können auf dem gesamten Körper in den Haarbälgen eines Tieres zu finden sein. Haarmilbenbefall bleibt meist unentdeckt. Lediglich bei Jungtieren und geschwächten Tieren (welche auch am häufigsten überhaupt betroffen sind) kann es zu Symptomen wie Juckreiz und/oder Ekzemen kommen.

- **Herbstgrasmilbe**
  Die Herbstgrasmilbe beziehungsweise ihre Larven finden sich in den obersten Hautschichten und leben von Blut und Gewebsflüssigkeiten. Im Gesicht, an den Pfoten und an den Ohren treten Hautrötungen auf, und es kommt zu Juckreiz, Haarausfall und Bläschen. Diese Milbenart findet sich, wie der Name schon erahnen lässt, meist auf Graswiesen, und sie treten vor allem im Herbst vermehrt auf.

- **Zecken**
  In unseren Gebieten gibt es verschiedene Zeckenarten, welche vor allem im hohen Gras, Sträuchern oder Gebüschen zu finden sind. Sie befallen einen Wirt (Menschen und Tiere) nur zum Blutsaugen. Durch Zecken könne auch verschiedene Krankheiten übertragen werden.

Diagnose

Manche Parasiten sind mit den bloßen Augen zu erkennen, andere wiederum werden erst über einen Tesafilm-Abklatsch oder ein Hautgeschabsel im Labor diagnostiziert.

Hilfe mit EM

Liegt ein sehr starker Befall vor, kann es manchmal notwendig sein, mit dem Tierarzt abzusprechen, ob chemische Antiparasitika eingesetzt werden müssen.

Wichtig sind dann vor allem hygienische Maßnahmen. Käfige und Liegeplätze müssen regelmäßig gereinigt werden. Dazu dienen heißes Wasser, Essig und natürlich im Anschluss Hygienereiniger mit EM.

Neben einer gesunden und artgerechten Fütterung stärken die EM innerlich angewendet (egal ob EMa flüssig oder Futter-Bokashi) das Immunsystem und somit die Abwehrkräfte gegen einen erneuten Befall mit Parasiten. Äußerlich kann das Fell regelmäßig mit verdünntem EM eingesprüht werden. Wie vorangegangen bei Thema Fellpflege schon besprochen, kann das EM dabei in verschiedenen Verdünnungsstufen zum Einsatz kommen. Um Parasiten vorzubeugen hat sich hier jedoch eine etwas weniger starke Verdünnung (1:5) von EMa oder entsprechenden EM-Fellpflegeprodukten mit Wasser als hilfreich erwiesen.

Zur Vorbeugung haben sich auch extra angefertigte Halsbänder (vor allem für Hunde) bewährt, auf die zum Beispiel Bernstein oder spezielle Halbedelsteine und EM Keramik Pipes aufgezogen werden.

Zeckenhalsbänder mit EM Keramik Pipes

Wir wissen bereits, dass EM Keramik aus Ton besteht, in den Effektive Mikroorganismen unter Luftabschluss eingebrannt wurden. Da die Schwingung dieser Keramik Pipes für viele Lästlinge unangenehm zu sein scheint, kann man beobachten, dass Tiere, die ein EM-Halsband tragen, beispielsweise weniger von Zecken befallen werden. Solche Halsbänder können Sie sich selbst herstellen oder auch schon fertig kaufen. Wichtig ist, dass es ein zusätzliches Halsband darstellt, an dem keine Leine befestigt werden sollte. Sollen die Tiere das EM-Halsband auch unbeaufsichtigt tragen, ist es wichtig, dass die Pipes nicht(!) auf ein reißfestes Material aufgezogen werden. Sollten die Tiere mit dem Halsband hängenbleiben, muss es reißen können, damit sie sich nicht strangulieren.

Endarasiten

Definition

Endoparasiten sind Parasiten, welche die inneren Organe eines Tieres befallen. Betroffene Organe können vor allem der Magen und der Darm sein, jedoch auch Lunge, Leber, Herz oder Muskulatur können durch Parasiten befallen werden. Grob unterschieden wird in Helminthen (Würmer) und Protozoen (Einzeller).

Symptome und Ursachen

Die Symptome bei einem Befall mit Endoparasiten können recht unterschiedlich sein, je nachdem um welche Parasitenart es sich handelt.

Eine Übertragung erfolgt häufig von Tier zu Tier. Auch mangelnde Hygiene begünstigt eine Ansteckung (das Heranwachsen von pathogenen Strukturen wird so gefördert). Dazu zählt auch infiziertes/verseuchtes Tierfutter. Vor allem bei Fleischfressern, die roh ernährt werden, kann eine Übertragung von Endoparasiten nicht ausgeschlossen werden. Aber auch verunreinigtes Körnerfutter oder Heu (z.B. durch Kot) kann zur Infektionsquelle werden.

Eine schwache Darmflora, auch durch Fütterungsfehler, begünstigt zudem einen stärkeren Befall mit Parasiten.

TYPISCHE ENDOPARASITEN:

- **Trematoden (sogenannte Saugwürmer)**
  Befallen die Leber und verursachen dabei mechanische und toxische Schäden. Es kann zu einer Hepatitis und den entsprechenden Symptomen kommen.

- **Zestoden** (sogenannte Bandwürmer)
  Kommen in der geschlechtsreifen Form im Darm vor und während der Finnenbildung in Leber, Lunge und Muskulatur. Bei starkem Befall kommt es zu Leistungsabfall, Blutarmut, Durchfällen und struppigem Fell.

- **Nematoden** (sogenannte Faden- oder Ringwürmer)
  Befallen hauptsächlich Magen, Darm oder auch Lunge und Herz, je nach Unterart. Entsprechend kann es zu diversen Magen-Darmerkrankungen kommen, von Durchfall und Erbrechen bis hin zu Magengeschwüren, Blutungen und Darmverlegung. Ist die Lunge befallen, kommt es zu einer parasitären Bronchitis, Pneumonie und Fieber bis hin zu Lungenödem oder -emphysem.

- **Kokzidien**
  Kokzidien kommen im Darm oder in der Galle (Leberkokzidiose) vor. Dort entwickeln sie sich über verschiedene Phasen hindurch. Über den Kot werden sogenannte Eizellen ausgeschieden, welche über mehrere Monate überleben können. Die Übertragung der Kokzidien erfolgt dann oral, zum Beispiel über Kot oder verunreinigtes Futter.
  Bei betroffenen Tieren kommt es zu Verdauungsstörungen wie Blähungen oder Durchfall. Sie wirken apathisch und haben nur noch wenig Appetit. Jungtiere sterben dabei häufig relativ schnell an einem solchen Befall.
  Bei einer Kokzidiose der Leber kommt es außerdem zu einer Entzündung der Gallengänge und auch zu Leberschwellung. Meist sind ältere Tiere betroffen.

- **Spulwürmer** *(Paraspidodera uncinata)* und Peitschenwürmer *(Trichuris gracilis)*
  Spulwürmer befallen den Darm eines Tieres, die Peitschenwürmer Dick- und Blinddarm. Die Tiere zeigen sich inappetent, magern ab,

es kommt zu Darmentzündungen und Durchfall. Häufig sind Jungtiere und geschwächte Tiere von einem Spulwurmbefall betroffen.

Diagnose

Manchmal können Parasiten schon mit bloßem Auge gesehen werden, sonst stehen für die Diagnose Kot- und Blutuntersuchungen zur Verfügung.

Hilfe mit EM

Wie bei den Ektoparasiten beschrieben, kann ein starker Befall manchmal den Einsatz von chemischen Mitteln (Antihelminthika, sogenannte Wurmkuren) notwendig machen. Da solche Wurmkuren jedoch auch den Darm schädigen, muss im Anschluss immer ein gezielter Aufbau der Darmflora mit den Effektiven Mikroorganismen zum Futter erfolgen (mindestens eine 4-wöchige Kur). Regelmäßige Darmpflege mit EM dient aber gleichzeitig auch zur Vorbeugung gegen einen Befall. Auf qualitativ hochwertige und artgerechte Futtermittel ist immer zu achten.

Auch die Umgebungshygiene ist wieder streng einzuhalten. Käfige, Ställe und Körbchen können mit heißem Wasser und Essig gereinigt und im Anschluss mit EM-Lösung eingesprüht werden.

Hautpilz

Definition

Eine Infektion mit Hautpilz bezeichnet man in der Fachsprache als Dermatomykose. Hautpilz befällt meist die obersten Schichten der Haut. Ist die Hornsubstanz betroffen, so spricht man von einer Dermatophytose. Auch tiefere Schichten der Haut können in Mitleidenschaft gezogen sein.

Zu den häufigsten Arten der Hautpilzinfektion zählen die Mikrosporie und die Trichophytie.

Hinweis:
Hautpilz kann auch auf den Menschen übertragen werden (sogenannte Zoonose).

Symptome

Eine Hautpilzinfektion beginnt häufig mit kleinen Knötchen auf der Haut mit darüber gesträubten Haaren. Später finden sich bei den erkrankten Tieren runde, haarlose Veränderungen, die oft auch weißliche, schuppige Beläge aufweisen. Dabei kommt es meist zu kreisrundem, manchmal auch zu diffusem Haarausfall und starkem Juckreiz. Relativ häufig lokalisiert sich die Erkrankung am Kopf und den Gliedmaßen.

Bei der Trichophytie bilden sich auch Knötchen oder kleine Blasen, die aufplatzen können.

Bei der Mikrosporie ist die Haut gerötet, schuppig und es können sich Knötchen bilden. In der Mitte der kahlen Stellen bilden sich weißliche Beläge.

Ursache

Ursache für eine Infektion sind saprophäre, meist fakultativ pathogene (also Erreger, die einen geschwächten Immunstatus oder andere Defizite ihres Wirts voraussetzen) Fadenpilze der Gattungen Trichophyton oder Microsporum.

Meist kommt es durch direkten oder auch indirekten Kontakt zu einer Übertragung, wobei eine allgemeine Schwäche des Immunsystems dabei begünstigend wirkt. Auch Tiere nach Antibiotika- oder Kortisontherapie sind anfälliger.

Weitere Punkte:

- Haltungsfehler (vor allem hygienische Mängel)
- Fütterungsfehler
- Auftreten als Sekundärinfektion, z.B. bei chronischen Hauterkrankungen

Diagnose

Meist lässt die typische Symptomatik einen ersten Verdacht äußern. Die Diagnose Hautpilz kann jedoch nur nach einer Haarprobe im Labor sichergestellt werden.

Hilfe mit EM

Zunächst einmal sollte darauf geachtet werden, dass sich die Infektion nicht weiter ausbreitet, indem man besonderes Augenmerk auf die Sauberkeit und Hygiene legt. Dazu eignet sich ein EM-Hygienereiniger für die Umgebung, die zuvor mit kochendem Wasser und Essig abgewaschen wurde. Decken und weiteres Zubehör aus Stoff müssen so heiß wie möglich gewaschen werden.

Auch beim Waschen können die EM in solchen Fällen zum Einsatz kommen:
In einem zweiten Waschdurchgang (bis maximal 40°C) kann mit Zugabe von ca. 20 ml EM Reiniger die Menge an Waschmitteln um die Hälfte bis auf ein Drittel verringert werden.

Generell können Waschbeutel mit Keramik Pipes bei jeder Wäsche zusätzlich in die Wäschetrommel gelegt werden.

Neben den hygienischen Maßnahmen muss an eine Unterstützung des Immunsystems und damit eine Verbesserung der Resistenzlage gedacht werden.

Haut und Fell werden mit verdünnter EM Urlösung besprüht, zusätzlich eventuell einige Tropfen direkt auf die befallenen Areale geben. Alternativ können die betroffenen Hautstellen auch mit speziellen EM-Pflegesalben aus dem Handel versorgt werden. Diese enthalten oft zusätzliche Wirkstoffe wie EM Keramikpulver, Meersalz oder Silber.

Infektanfälligkeit

Definition

Wie die Bezeichnung schon vermuten lässt, spricht man von einer Infektanfälligkeit oder auch einer Immunschwäche vor allem dann, wenn das Tier häufiger als normal anfällig für Infekte und Infektionskrankheiten ist.

Symptome

Da die Infektanfälligkeit selbst nicht die Erkrankung ist, sondern die jeweiligen Infektionskrankheiten, die daraus resultieren, können auch die Symptome sehr vielfältig sein.

Betroffene Tiere sind zum Beispiel anfällig für Erkältungskrankheiten mit Symptomen wie Husten oder Schnupfen. Auch eine Anfälligkeit für Magen-Darm-Infekte kommt häufig vor und äußert sich dann zum Beispiel mit Magenbeschwerden, Erbrechen oder Durchfall.

Ursache

Selten liegt eine über das Blut nachweisbare Immunschwäche vor. In vielen Fällen ist es sogar ganz das Gegenteil, und zwar eine erhöhte Aktivität des Immunsystems (ähnlich wie bei Allergien). Oftmals ist Stress die Ursache für dieses Phänomen.

Weitere häufige Ursachen sind ein Vitamin- oder Mineralmangel, Stoffwechselerkrankungen, Organschwäche oder -schäden, Allergien oder Belastungen durch Schadstoffe.

Diagnose

Grunderkrankungen oder Mangelerscheinungen, die als Ursache infrage kommen, lassen sich oft über ein ausführliches Blutbild ausfindig machen.

Oft sind im Blutbild aber auch keinerlei Auffälligkeiten zu finden. Weder ein Mangel an Antikörpern noch an Leukozyten lässt sich dann trotz der Infektanfälligkeit finden.

Hilfe mit EM

Sollte die Ursache ein schwerwiegendere Erkrankung sein, ein Mangel oder eine Belastung mit Schadstoffen, so muss diese Ursache zunächst nach Absprache mit dem Tierarzt oder Tierheilpraktiker behandelt werden.

Dann sollte mit Hilfe der EM das Immunsystem wieder reguliert werden. Ein Großteil des Immunsystems sitzt im Darm, und genau hier können die EM mit Hilfe der wichtigen Mikroben, etwa Milchsäurebakterien, ansetzen. Die Mikroorganismen bilden zudem eine Menge wichtiger Antioxidantien, die die Selbstheilungskräfte reaktivieren können.

Gleichzeitig muss selbstverständlich wieder an eine ausgewogene und artgerechte Fütterung gedacht werden. Je nach Tierart können zusätzlich zu den EM auch einige Kräuter mitverfüttert werden, die wertvolle Vitamine und Mineralien enthalten.

Mauke bei Pferden

Definition

Mauke wird definiert als eine „Dermatitis im Bereich des Unterbeins". Sie beginnt dabei aber typischerweise in der Fesselbeuge und ist neben dem Sommerekzem ein weiteres häufiges Problem. Mauke tritt hauptsächlich im Winter auf, kann aber auch zu jeder anderen Jahreszeit entstehen.

Symptome

Bei schweren chronischen Verläufen kann sich dieses Fesselbeuge-Ekzem jedoch ausbreiten und sich bis über die Beugefläche der Karpal- oder Tarsalgelenke erstrecken (chronisch-squamöses Ekzem oder „Raspe").

Bei der Mauke kommt es zunächst zu einer Rötung der Haut und Bläschenbildung. Im Anschluss nässt das Ekzem, und das Exsudat ist schmierig und oft auch übelriechend. Bleibt die Problematik länger bestehen, kann es zudem zu einer Verdickung der Haut kommen, und es bilden sich die typischen Krusten und Rhagaden.

Die Symptome in der Übersicht:

- Rötung der Haut
- Wärme und Schwellung
- Blutige Risse
- Juckreiz
- Borken, Knötchen, Bläschen, Schuppen, Krusten

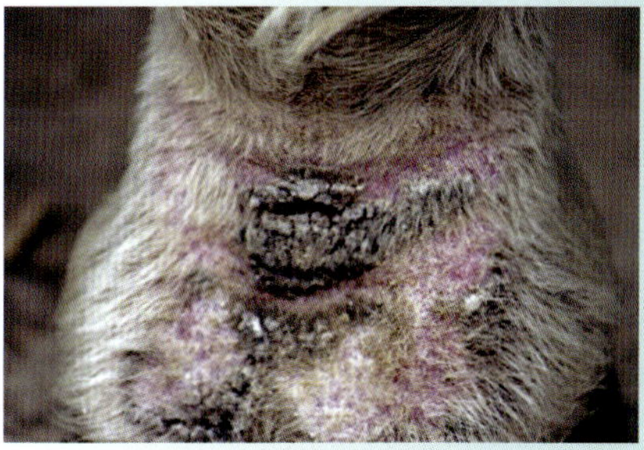

© Bianca Oster

- Nässende, schmierige Wunden

Ursachen

Häufig tritt die Erkrankung mit dem herbstlichen Fellwechsel auf, wenn auch das Wetter schlechter wird. Das bringt meist vermehrt

Feuchtigkeit und Matsch mit sich. Als lokale Ursachen kann man daher matschige und von Kot oder Harn verunreinigte Ausläufe und Ställe nennen, meist kombiniert mit mangelnden Bewegungsmöglichkeiten. Wird unter diesen Bedingungen nicht auf Sauberkeit und Hygiene geachtet, kann es schneller zu einer Problematik kommen. Meist haben dadurch Pilze oder Bakterien einen guten Nährboden auf dem geschwächten Hautmilieu.

Doch trotz hygienischer Maßnahmen kann sich die Mauke ausbilden. Deshalb muss es noch mehr Gründe geben, warum das eine Pferd das Ekzem bekommt und das andere nicht.

Das Thema Fütterung scheint in diesem Zusammenhang durchaus eine wichtige Rolle zu spielen. Bei betroffenen Pferden findet man häufig eine fehlerhafte Fütterung, bei der es zu einem Ungleichgewicht im Mineral- und Spurenelementehaushalt sowie in der Vitaminversorgung kommt. Ein Überschuss an Eiweiß und Zucker in der Ration scheint sich ebenfalls negativ auszuwirken.

Da die Haut bekanntermaßen auch zu den Entgiftungs- beziehungsweise Ausleitungsorganen zählt, sollte zudem an eine Stoffwechselstörung gedacht werden. Sind die inneren Entgiftungsorgane (Darm, Leber, Niere) „überfordert", werden Giftstoffe und Stoffwechselabbauprodukte vermehrt über die Haut aus dem Körper gebracht und können so die Neigung zur Ekzembildung massiv verstärken.

Ebenso können allergische Reaktionen Ursache einer Mauke sein, wobei sich dies vor allem mit einem Chorioptesmilben-Befall in Zusammenhang bringen lassen kann. Die Milben besiedeln die Fesselbeuge und fressen Hautschuppen oder ernähren sich von der austretenden Lymphe. Vor allem auf die Ausscheidungsprodukte der Milben hin können auch allergische Reaktionen auftreten.

Diagnose

Die Ursache sollte unbedingt eingegrenzt werden. Dazu eignen sich Haut- und Fellproben, um Erreger (Bakterien, Pilze, Parasiten) zu bestimmen. Aber natürlich können auch ein Blutbild oder eine Fell-Mineral-Analyse wichtige Hinweise über den Funktionsstatus innerer Organe sowie Mangel- oder Überversorgungen aufdecken. Auch toxische Belastungen können dadurch aufgezeigt werden, die Hauterkrankungen auslösen oder verstärken können. Wenn also eine innere Ursache die Erkrankung begünstigt, werden rein äußerliche Behandlungen und Hygienemaßnahmen nicht oder nur unzureichend helfen können.

Ein genauer Vorbericht ist zudem Voraussetzung für eine konkrete Diagnose. Abgefragt werden die Jahreszeit oder das saisonale Auftreten der Symptome, Haltung, Fütterung sowie Arzneimittelgaben.

Hilfe mit EM

Egal welche Ursache sich findet, so sollte natürlich trotzdem eine ausreichende Pflege und die Hygiene in Stall und Auslauf besondere Beachtung finden. Die Einstreu muss täglich sauber und frisch sein und die Ausläufe ebenfalls täglich von Verunreinigungen befreit werden. Die Beine werden zudem nach dem Auslauf von Schmutz befreit und auf (auch kleine) Verletzungen hin kontrolliert.

Bei einer bestehenden Mauke werden die Krusten in der Fesselbeuge aufgeweicht und vorsichtig entfernt. Unter den Krusten können sich sonst Erreger wie Bakterien munter ausbreiten, und die Tiere infizieren sich immer wieder von neuem. Das bedeutet aber nicht, dass die Beine täglich gewaschen werden dürfen. Dies würde dem Milieu schaden.

Häufig werden von Tierärzten leider nur Antibiotika oder Cortison zur Behandlung verordnet, die zwar zunächst die Entzündung eindämmen und Keime vernichten, langfristig jedoch die Ursache nicht beheben können. Meist kommt die Erkrankung nach dem Absetzen der Präparate schnell wieder zurück.

Deshalb ist es oft besser, das natürliche Hautmillieu zu unterstützen und aufzubauen. Dazu dienen die Effektiven Mikroorganismen ganz hervorragend. Innerlich sollte EMa flüssig als Kur gegeben werden, um den Darm und damit das Abwehrsystem zu stabilisieren. Äußerlich die Fesselbeuge täglich mit EMa einsprühen. Zusätzlich kann auch eine Paste mit EM flüssig und EM Keramikpulver angerührt werden, und diese Paste kommt dann ebenfalls in die Fesselbeuge (z.B. über Nacht).

Boxen und Paddocks können ebenfalls in die Behandlungsmaßnahmen mit einbezogen werden, indem man sie mindestens 1 x wöchentlich mit den EM einsprüht.

Ohrenentzündungen

Definition

Eine Ohrenentzündung, auch Otitis externa, ist eine Entzündung des äußeren Gehörgangs der Tiere. Manche kennen die Problematik auch unter dem Ausdruck „Ohrzwang“.

Symptome

Bei einer Gehörgangsentzündung kann es zu diversen Veränderungen der Haut kommen, wie Rötung oder Schwellung. Da meist massiver Juckreiz und Schmerzhaftigkeit auftreten, kann man bei betroffenen Tieren Kopfschütteln, Kratzen und Reiben der Ohren beobachten. Es bildet sich vermehrt Cerumen, und man kann in vielen Fällen sogar (eitrigen) Ausfluss beobachten. Auch kommt es zu üblem Geruch aus dem Ohr.

In schweren Fällen gibt es die sogenannte Kopfschiefhaltung, bei der der Kopf nur noch auf eine Seite gehalten wird. Schütteln sich die Tiere exzessiv den Kopf, so besteht die Möglichkeit eines Othämatoms (ein Bluterguss des Ohres). Letzteres kann sogar dazu führen, dass sich der Gehörgang komplett verschließt.

Ursache

Zum einen kommen äußere Ursachen in Frage, wie Fremdkörper, reizende Medikamente, Verletzungen oder mechanische Reizungen. Zum anderen gibt es Ursachen, die von „innen“ kommen, wie eine ungünstige Anatomie der Ohrmuschel oder Hängeohren bei Hunden (→schlechte Belüftung), außergewöhnlich starke Cerumen-Bildung oder Infektionskrankheiten.

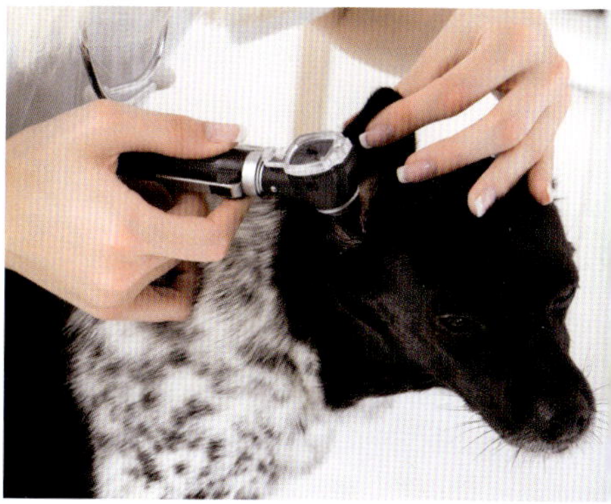

Als dritte Möglichkeit sind noch Parasiten zu nennen, wie Ohrmilben, Bakterien und Pilze.

In der Naturheilkunde betrachtet man Ohrentzündung aber auch noch aus einem anderen Blickwinkel. Bleibt die Ursache zunächst unklar, so ist auch an Stoffwechselstörungen, toxische Belastungen, Fütterungsfehler und Allergien zu denken.

Diagnose

Der Therapeut wird sich den Gehörgang und das Trommelfell mit einem sogenannten Otoskop genau ansehen, so lassen sich Entzündungszeichen, Fremdkörper, Milben oder Pilze schon mit bloßem Auge sehen. Mittels eines Abstrichs wird zudem bestimmt, ob und welche Bakterien oder Pilze beteiligt sind.

Hilfe mit EM

Vorausgesetzt das Trommelfell ist unbeschädigt, empfiehlt sich zunächst eine Reinigung des Gehörgangs mit Wasserstoffperoxid 3%ig. Anschließend werden die Gehörgänge mit einem Kosmetiktuch, das man um den Finger wickelt, wieder gut getrocknet.

Im nächsten Schritt wird zur Wiederherstellung einer physiologischen Flora im Gehörgang EM flüssig in die Ohrmuschel eingeträufelt. Es gibt außerdem auch schon spezielle Ohrentropfen mit EM und Ringelblumenöl. Vor allem bei Milben empfiehlt sich die Kombination mit Öl, da dadurch die Trachealöffnungen der Milben verstopft werden und sie dadurch absterben.

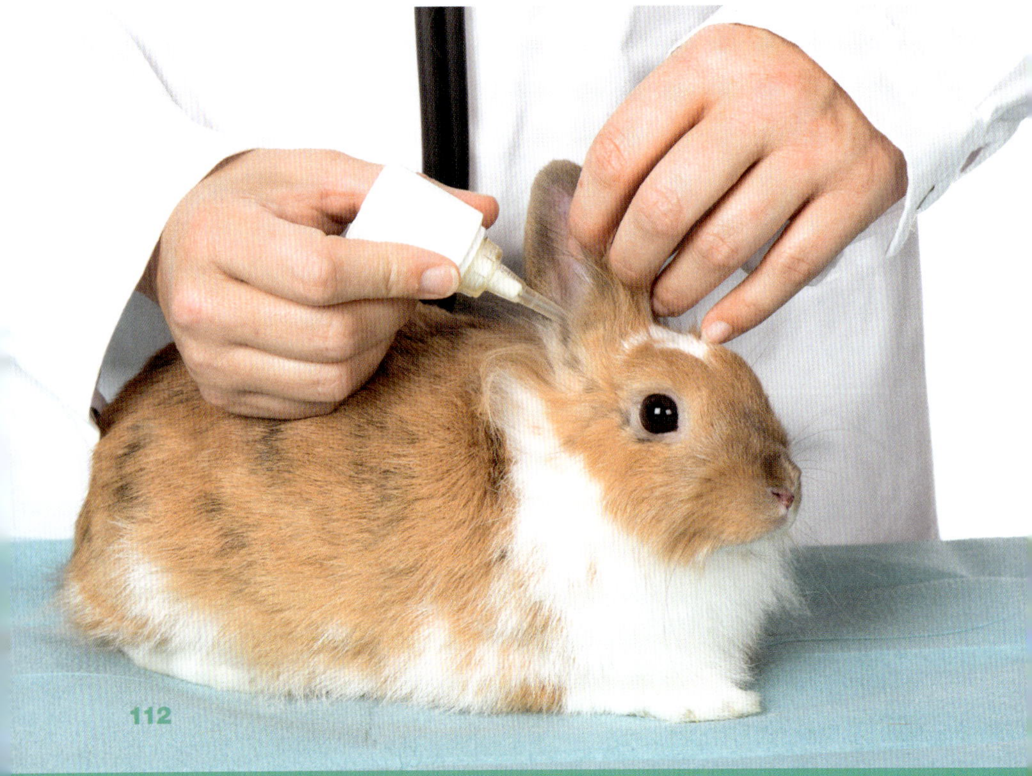

Innerlich kann EMa flüssig oder als Futter-Bokashi das Immunsystem stärken. Sollte eine (Futtermittel-)Allergie Mitauslöser sein, so sind die Allergene entsprechend zu meiden.

Strahlfäule bei Pferden

Definition

Eine Strahlfäule beim Pferd ist eine Huferkrankung. Bei der Strahlfäule zerstören beziehungsweise zersetzen Fäulnis-Bakterien den Strahl des Hufs. Der Strahl ist auf der Sohle des Pferdes erkennbar.

Symptome

Meist fällt bei der Reinigung des Hufs auf, dass die Strahlfurche tiefer ist als gewöhnlich. Zudem kann ein braunes oder schwarzes, stinkendes Sekret auftreten, das durch die Zersetzungsprozesse entsteht. Das Horn des Strahls kann dadurch auch weicher werden.

Ursachen

Als Ursache für eine Strahlfäule sind in erster Linie hygienische Faktoren zu nennen. Pferde, die lange in verschmutzter Einstreu (Kot, Urin) stehen müssen oder generell unhygienischem Boden ausgesetzt sind, vor allem wenn Nässe hinzukommt, sind gefährdet. Wenn der Huf dazu noch schlecht gepflegt wird oder der Strahl zu stark zurückgeschnitten wurde, kann dies eine Strahlfäule begünstigen. Pferde mit steilen Hufen und Trachtenzwang scheinen insgesamt häufiger betroffen.

Diagnose

Bei der Strahlfäule zeigt sich das Horn zerklüftet, und es finden sich in den Furchen schmierige und stinkende, meist braun-schwarze Sekrete. Bei Druck kann der Huf im Strahlbereich schmerzhaft sein. Wird die Erkrankung zu spät entdeckt oder nicht behandelt, kann die bakterielle Entzündung sich bis auf die Lederhaut ausweiten und diese infizieren. Im weiteren Verlauf kann es so auch zu einer akuten Lahmheit kommen.

Hilfe mit EM

Eine Verbesserung der hygienischen Bedingungen, wenn diese ursächlich sind, muss auf jeden Fall stattfinden. Des Weiteren werden erkrankte Bereiche des Strahls abgetragen, gesäubert und gut desinfiziert (z.B. mit Jodtinktur oder Wasserstoffperoxid 3 %). Wichtig ist auch, dass erkrankte Hufe trocken gehalten werden. Ist die Lederhaut infiziert, stellt dies eine Komplikation dar, die auf jeden Fall in die Behandlung mit einbezogen werden muss. Begünstigen Fehlstellungen des Hufes die Erkrankung, sollte dies durch den Schmied soweit wie möglich korrigiert werden. Ansonsten entfernt der Schmied das infizierte Horn so gut es geht.

Nachdem das Horn vom Fachmann zurückgeschnitten und Sohle sowie Strahl gesäubert wurden, wird alles ausgiebig mit EMa eingesprüht.

Sobald alles getrocknet ist, mischt man EM Keramikpulver mit EM flüssig zu einer derben Paste (eventuell noch etwas ozonisiertes Olivenöl dazugeben) und drückt diese tief in die Strahlfurche. Zusätzlich kann darüber ein zurechtgeschnittenes Wattepad oder einen Gazestreifen mit eingedrückt werden, so dass die Strahlfurche komplett ausgefüllt ist. Die ganze Prozedur wird täglich wiederholt, bis das Horn gesund nachwächst.

Verstopfung

Definition

Ein verzögerter Kotabsatz oder auch komplette ausbleibender Kotabsatz (Stuhlverhalten) nennt man Verstopfung oder Obstipation. Es können dabei einzelne Dickdarmabschnitte betroffen sein oder auch der Enddarm. Durch verlangsamte Peristaltik oder Verengungen des Darms wird dem Darminhalt vermehrt Wasser entzogen, was zu einer Verdickung des Kotes führt.

Symptome

Bei unter Verstopfung leidenden Tieren kann man beobachten, wie sie vergeblich versuchen, Kot abzusetzen. Teilweise ist das sogar mit Schmerzen verbunden. Trotzdem besteht ein beständiger Kotdrang, oft begleitet von Unruhe, Blähungen, Koliksymptomen und Appetitlosigkeit. In schwereren Fällen kommt auch Erbrechen hinzu. Die Schwere der Symptome kann aber von Patient zu Patient verschieden sein und auch entsprechend der zugrunde liegenden Ursache variieren.

Wichtig ist zu wissen, dass eine länger anhaltende Verstopfung, bei der überhaupt kein Kot abgesetzt werden kann, schnell zum Notfall wird.

Ursache

Die Ursachen für eine Obstipation können sehr vielfältig und oft recht harmlos, aber auch sehr schwerwiegend sein. Manchmal ist es ganz „einfach" ein Bewegungs- oder Wassermangel, eine ballaststoffarme Fütterung oder eine herabgesetzte Darmperistaltik.

Auch die Verfütterung unverdaulicher Substanzen, lang anhaltendes Fieber oder schmerzhafte Prozesse an der Wirbelsäule oder im Bereich des Anus können Ursache für eine Verstopfung sein.

In den ungünstigsten Fällen muss an eine Erschlaffung der Darmmuskulatur (Darmatonie), zum Beispiel nach Operationen oder Unfällen gedacht werden, ebenso wie an Tumore.

Kommt es zu einem Darmverschluss, bedeutet das immer Lebensgefahr für den Patienten.

Diagnose

Für die Diagnose erfolgt ein ausführliches Vorgespräch, bei dem vor allem Fütterungsgewohnheiten und Haltungsbedingungen abgefragt werden müssen.

Mittels Palpation (Abtasten) des Abdomens und Abhören der Darmgeräusche kann ein erster Eindruck über Schmerzhaftigkeit und Aktivität von Magen und Darm gewonnen werden.

Des Weiteren können Blutuntersuchung oder (wenn möglich) Kotproben im Labor analysiert werden. Eine Ultraschalluntersuchung oder Röntgenaufnahme kann Aufschluss geben, wie es im Inneren des Darmes aussieht.

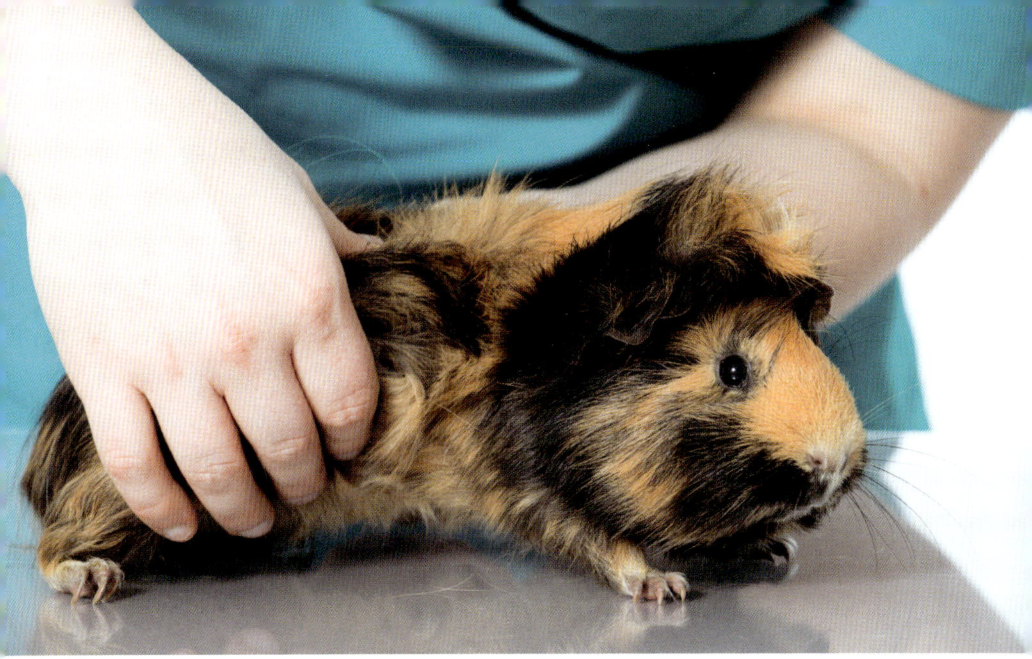

Hilfe mit EM

Natürlich muss nach der ausführlichen Diagnose zunächst die Ursache des Problems behoben werden.

Es können dann eventuell Einläufe mit Zugabe von EM durchgeführt werden, um im Dickdarm, zusätzlich zu der Entleerung, die Besiedlung mit den erwünschten Mikroben zu unterstützen. Einläufe sollte man jedoch immer von einem Fachmann durchführen oder sich von diesem zunächst zeigen lassen, was zu beachten ist.

Betroffene Tiere sollten ausreichend trinken, und entsprechend kann auch hier EMa flüssig zum Trinkwasser dazugegeben werden. Zusätzlich können Keramik Pipes in die Trinknäpfe gelegt werden.

Bei Verstopfungen gilt jedoch, dass im Allgemeinen keine längere Eigenbehandlung stattfinden sollte. Vor allem, da bei einigen Tierarten, wie Meerschweinchen oder Kaninchen, eine länger anhaltende Verstopfung schnell zum Tod führen kann.

In schweren Notfällen kann deshalb auch eine Operation notwendig werden.

Wundbehandlung

Definition

Wunden sind Verletzungen, die durch eine oberflächliche Beschädigung oder gar einer Durchtrennung der Haut oder Schleimhaut entstehen.

Symptome

Es gibt verschiedene Arten von Wunden. Kleine Hautwunden bluten meist nur wenig. Sie kommen hauptsächlich am Kopf, am Rumpf oder an den Beinen vor. In den meisten Fällen gibt es keine zusätzliche Schwellung im Bereich von Hautwunden.

Flächigere Verletzungen sind Schürfwunden, sie kommen vor allem an Hüfthöckern, Kopf, Knie- oder Ellbogengelenk, Sprung- oder Vorderfußwurzelgelenk vor. Dabei ist die Oberfläche der Haut abgeschabt. Es kann auch zu größeren oder tieferen Schürfwunden kommen, die dann stark bluten.

Sickert, tropft oder spritzt das Blut, handelt es sich um eine tiefe Wunde. Vor allem in Gelenknähe können diese auch klaffen. Tiefe Wunden können beispielweise Stichwunden, Bisswunden oder Platzwunden sein.

Um einzuschätzen, wie akut eine Wunde ist, unterscheidet man langsam sickernde Blutungen, die dunkelrot sind (dann handelt es sich um eine verletzte Vene), und hellrote und stoßweise aus der Wunde spritzende Blutungen. Bei letzterem wäre dann eine Arterie verletzt.

Ursachen

Ursachen für Wunden können sehr vielfältig und auch sehr unterschiedlich sein. Oft sind es Bisse, Stürze, Hängenbleiben oder Vorbeischrammen an festen Gegenständen, aber auch Verletzungen durch Zäune, Draht oder ähnliches. Des Weiteren zählen auch Verbrennungen, Erfrierungen oder Verätzungen zu den Wundursachen.

Diagnose

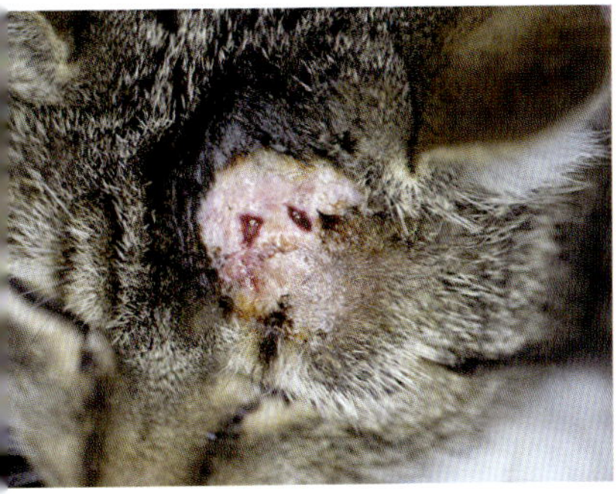

Die Diagnose ergibt sich aus dem Erscheinungsbild und der Ursache. Bei der Beurteilung von Wunden spielen dann Faktoren wie Größe oder Tiefe, Lokalisation, Exsudat, Wundrand und -umgebung eine Rolle.

Handelt es sich um eine chronische Wunde, so kann auch ein Abstrich sinnvoll sein, um abzuklären, ob sich pathogene Bakterien oder Pilze in der Wunde angesiedelt haben.

Hilfe mit EM

Muss die Wunde nicht genäht werden und bedarf keiner weiteren schulmedizinischen Behandlung, wird die Wunde zunächst gereinigt (z.B. mit isotonischer Kochsalzlösung oder Wasserstoffperoxid 3%).

Bei Schürfwunden kann dann das EMa oder ein spezielles EM-Hautspray aus dem Handel (meist noch mit pflegenden Komponenten wie zum Beispiel Calendula ergänzt), verwendet werden um es auf die Wunde aufzusprühen.

Bei etwas größeren Wunden hat sich zur Wundabdeckung ein Gemisch aus EM Keramikpulver, hochwertigem Olivenöl und der EM Urlösung bewährt. Man mischt die Zutaten so lange, bis eine Paste dabei entsteht. Die Paste wird im Anschluss auf die Wunde aufgetragen. Vor allem bei tieferen Wunden kann das Anlegen eines zusätzlichen Wundverbandes sinnvoll sein.

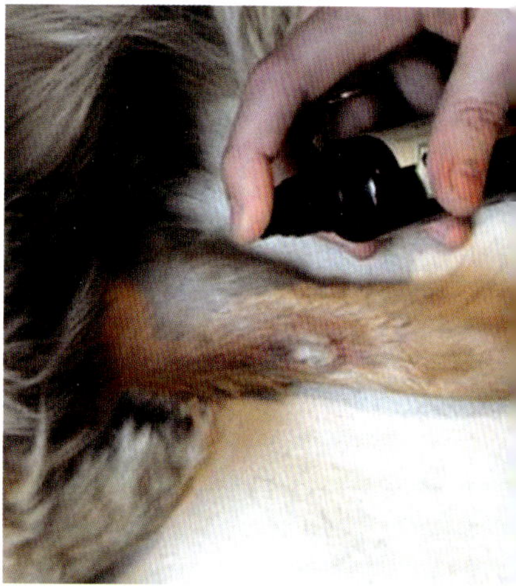

Auf diese Weise kann man einer Infektion mit unerwünschtem Keimen vorbeugen und die Wundheilung beschleunigen.

Zahnprobleme

Definition

Auch bei Tieren kann es zu Veränderungen an den Zähnen kommen, die behandlungsbedürftig sind. Es gibt Erkrankungen an den Zähnen selbst, wie zum Beispiel Karies oder Zahnstein, und Erkrankungen des Zahnhalteapparates, wie Zahnfleischentzündungen. Unter die Zahnanomalien fallen dann Missbildungen der Zähne und Stellungsfehler.

Symptome

Im Zuge von Zahnproblematiken kann es zunächst zu auffälligem Maulgeruch, verändertem Fressverhalten und/oder Kopfscheue kommen. Das Zahnfleisch ist eventuell gerötet, vielleicht treten vermehrt Zahnstein auf oder Zahnverfärbungen.

Zähne können auch abbrechen oder unkontrolliert lang wachsen (z.B. ist dies oft bei Kaninchen ein Problem). An der Maulschleimhaut oder am Zahnfleisch kann es zu Zubildungen kommen.

Aufmerksam werden sollte man bei Auffälligkeit beim Fressen, wie Speicheln, Sabbern, übermäßiges Kauen oder Futterrollen. Infolgedessen kann es dann auch zu Abmagerung, Blähungen, vermindertem Kotabgang und herabgesetztem Allgemeinbefinden kommen.

Ursachen

Eine der häufigsten Ursachen ist eine falsche und nicht artgerechte Fütterung. Gerade bei Pflanzenfressern sind die Zähne meist auf einen regelmäßigen Zahnabrieb durch entsprechende Futtermittel angewiesen.

Außerdem sind angeborene Fehlstellungen die Basis für weitere Probleme an den Zähnen oder am Zahnfleisch.

Diagnose

Die Diagnose erfolgt mittels einer gründlichen Besichtigung der Maulhöhle mit Schleimhäuten, Zahnfleisch und Zähnen.

In einigen Fällen kann eine Röntgenaufnahme sinnvoll sein, vor allem zur Begutachtung der Zahnwurzeln.

Hilfe mit EM

Regelmäßige Kontrolle des Mauls und der Zähne sollte für jeden Tierbesitzer zur Routine werden. Auch Zahnhygiene kann bei Tieren, vor allem den Hunden, regelmäßig durchgeführt werden (beispielsweise Zähne putzen).

Zudem gibt es für jede Tierart mittlerweile schon spezialisierte Tierzahnärzte, die man in regelmäßigen Abständen mit seinem Tier konsultieren sollte.

Zu lang gewachsene Zähne, Kanten oder Spitzen müssen dann vom Fachmann gekürzt beziehungsweise bearbeitet werden. Lockere oder vereiterte Zähne müssen eventuell gezogen werden.

Die artgerechte Fütterung spielt ansonsten die wichtigste Rolle bei der Prävention von Zahnproblemen.

Für eine gesunde Maulflora kommen nun natürlich wieder die EM ins Spiel. EM kann regelmäßig ins Trinkwasser gegeben werden (jeden Tag erneuern), um die natürliche Bakterienflora im Maul zu stabilisieren und pathogenen Keimen vorzubeugen. Zum Thema „Zähneputzen" gibt es mittlerweile Zahncreme mit EM, die aus rein natürlichen Zutaten plus EM hergestellt wird und für die tägliche Zahnpflege verwendet werden kann (bei Katzen zu beachten: Es sollten **keine** ätherischen Öle enthalten sein!).

Zur Spülung von entzündetem Zahnfleisch besteht die Möglichkeit, EMa mit Wasser zu verdünnen (sollte immer frisch gemacht werden und in einem Verhältnis von ca. 1:5). Die Verdünnung wird dann mit einer Einmalspritze (ohne Nadel) aufgezogen und kann dann an die betroffenen Areale gespritzt werden.

Nachwort

Mit Kapitel 5 über die praktische Anwendung der EM im Krankheitsfall endet der Hauptteil dieses Buches. Ich hoffe, dass Sie viele Anregungen und Ideen bezüglich dieser nützlichen Mikroben mitnehmen konnten.

Sehen Sie es jedoch auch als Grundlage für Ihren ganz persönlichen Werdegang mit den EM; denn hier geht es um ein Gebiet, in dem man einfach einmal ausprobieren darf. Versuchen Sie, sich dem Wirkprinzip der Mikroorganismen zu öffnen und auf dieser Basis für Sie und ihre Tiere viele weitere Möglichkeiten für den Einsatz zu erschließen. Denn nicht nur für Mensch und Tier, auch für Pflanzen, Gewässer und die Umwelt ganz allgemein bieten die EM eine unglaubliche Vielseitigkeit an Einsatzgebieten, ohne schädliche „Nebenwirkungen". Ganz im Gegenteil, die EM können sogar dazu dienen, schon entstandene Schäden in der Umwelt wieder auszugleichen.

Schließlich ist den meisten EM-Anwendern ein Wunsch gemein: Eine gesunde Umwelt, die im Einklang ist und deren empfindliches Ökosystem nicht durch den Einsatz von Unmengen an Chemie aus dem Gleichgewicht gerät. Betrachten Sie in diesem Zusammenhang auch sich selbst und natürlich Ihre Tiere als ein solch empfindsames „Ökosystem"; denn der menschliche und tierische Organismus lebt mit einer unglaublich großen Zahl an Mikroben in einer wichtigen Symbiose – wir brauchen einander. Wir bieten den Mikroben die

Lebensgrundlage, und dafür unterstützen sie uns beispielsweise bei der Abwehr von pathogenen Keimen und beim Training des Immunsystems. Außerdem, so haben wir in diesem Buch gelernt, helfen sie beim Verdauen von Nahrung. Deshalb dürfen wir die physiologischen Mikroorganismen nicht zerstören, sondern sollten sie im Gegenteil sogar hegen und pflegen.

Im Anschluss finden Sie nun noch ein kleines Lexikon – sowie Hinweise zu Bezugsmöglichkeiten der EM.

Lexikon

- **Antibiotika**

Es handelt sich um Substanzen, die einen stark hemmenden Einfluss auf den Stoffwechsel von Mikroorganismen haben. Auf diese Weise können die Antibiotika deren Vermehrung oder Weiterleben ausschalten.

In vielen Fällen kann so der Einsatz von Antibiotika lebensrettend sein, wenn es gezielt eingesetzt wird.

Leider führt jedoch ein unkontrollierter und nicht angemessener Einsatz von Antibiotika (übrigens nicht nur in der Medizin, sondern auch im Ackerbau und in der Viehzucht) dazu, dass Keime diesen Medikamenten gegenüber Resistenzen entwickeln.

Antibiotika wirken übrigens nicht gegen Viren, da Viren keinen eigenen Stoffwechsel besitzen.

- **Antioxidantien**

Ein Antioxidans ist ein Enzym (es kann sich aber auch um eine niedermolekulare Gruppe handeln), welches den Organismus gegenüber reaktiven Sauerstoffspezies und damit vor oxidativem Stress absichern soll. Antioxidantien bestehen vor allem aus Polysacchariden, Mineralien und in kleinen Mengen aus Vitaminen (C und E) und Spurenelementen.

Bad & Good Bacteria

Durch den Stoffwechsel der EM werden Antioxidantien in großen Mengen „produziert".

- **Bakterienflora**

In der Medizin beschreibt die Bakterienflora die Gesamtheit aller Bakterien, die sich auf/in einer bestimmten Körperregion angesiedelt haben. Häufig sind diese Bakterien Prokaryonten und besitzen keinen Zellkern. Oft sind sie auch nur in dieser Körperregion überlebensfähig und (eventuell) nützlich.

Auch auf Oberflächen siedeln eine Vielzahl an Mikroben, dabei können positive und negative Bakterien im Gleichgewicht siedeln oder eine Seite dominiert.

- **Desinfektion**

Desinfektion bedeutet durch entsprechende Maßnahmen die Zahl an Infektionserregern so weit zu reduzieren, dass eine Übertragung ausgeschlossen werden kann. Allerdings findet dabei keine 100%ige Keimreduzierung statt. Man geht von einer Reduktion um den Faktor LOG 5 bzw. 99,999% aus.

Bei den Desinfektionsmitteln unterscheidet man zwischen Flächen- und Gerätedesinfektionsmitteln und den Hautdesinfektionsmitteln.

Studien (z.B. vom Cary Institute of Ecosystem Studies) haben jedoch bereits erwiesen, dass eine exzessive Anwendung von antibakteriellen Desinfektionsmitteln die Resistenz von Bakterien fördern kann. Ein Problem vor allem in Arztpraxen und Krankenhäusern. Dieses Problem gilt aber auch für die Flüsse. Da die Desinfektionsmittel über das Abwasser auch in die Flüsse gelangen können, bilden sich in diesen mittlerweile resistente Keime.

- **Effektive Mikroorganismen**

EM ist die Mikrobenmischung, die man im Fachhandel kaufen kann und die für alle Anwendungen bei der Futterbereitung, der Haut – und Fellpflege oder der Pflege des Bodens zum Einsatz kommen kann.

In der EM Urlösung schlafen die Mikroben noch und sind nur wenig aktiv. Im aktivierten EMa dagegen sind sie sehr aktiv und verbrauchen entsprechend Energie. Diese Energie gewinnen sie aus der Zuckerrohrmelasse. Ist diese verbraucht, können sich die Mikroben nicht mehr selbst erhalten. EMa kann von daher dann auch nach einer gewissen Zeit verderben.

- **Fermentation**

Fermentation ist ein Begriff, der sich von lateinischen Wort *fermentare*, also „gären", ableitet. Bei der Fermentation kommt es zum Abbau oder auch zum Umbau von organischen Stoffen mit Hilfe von Mikroorganismen. Durch den Einsatz von Enzymen zur Bildung bestimmter organischer Produkte kann es bei diesem Prozess auch zu enzymatisch-chemischen Veränderungen kommen.

Viele Lebensmittel werden mit Hilfe von Fermentationsprozessen hergestellt, wie Sauerkraut, Tofu, Bier, Wein oder auch Milchprodukte wie Buttermilch (Milchsäuregärung).

Das gleiche Prinzip macht man sich bei der Herstellung von EMa zunutze sowie für die weitere Herstellung von EM-Produkten wie unter anderem das Bokashi.

- **Hefen**

Hefepilze (Hefen) sind einzellige Pilze. Meist kommen sie aus der Familie der Schlauchpilze. Sie können sich durch Sprossen oder Teilung schnell vermehren. Dazu benötigen sie Wärme, Feuchtigkeit und Kohlenhydrate (Zucker). Hefen gären normalerweise anaerob, und es entsteht Kohlendioxid und Ethanol. Beides wird für die Herstellung vieler Lebensmittel benötigt, wie beispielsweise Brot oder Bier. Außerdem bilden sie bei der Fermentierung wertvolle Aminosäuren und Vitamine.

Hefen sind ein Bestandteil der EM.

- **Milchsäurebakterien**

Milchsäurebakterien (Lactobacillales) sind Bakterien, die Kohlenhydrate zu Milchsäure abbauen können. Wir sprechen dann von Milchsäuregärung, was unter anderem bei der Herstellung von Milchprodukten wie Buttermilch, Joghurt oder Käse genutzt wird. Aber auch bei der Fermentation von Sauerkraut, Silage und eben den EM sind sie von Bedeutung. Bei der Fermentation von organischem Material entstehen mit ihrer Hilfe Säuren, die krankmachende Keime unterdrücken können.

Bei Tieren und Menschen siedeln die Milchsäurebakterien auch im Verdauungssystem (hauptsächlich in der Darmflora) und sind in der Vaginalflora zu finden.

- **Photosynthesebakterien**

Bakterien, die eine Photosynthese durchführen, nennt man Photosynthesebakterien. Dabei gibt es zwei verschiedene Gruppen von Photosynthesebakterien: 1. Rhodospirillales und 2. Cyanobakterien.

Die Stoffwechselprodukte der Photosynthesebakterien haben die Eigenschaft ein beständiges Gleichgewicht zwischen den Effektiven Mikroorganismen zu halten, und sind deshalb eine wichtige „Zutat".

- **pH-Wert**

Der pH-Wert gibt den Säuregrad einer Lösung an. Das bedeutet, er kann die Konzentration an Protonen (H+ Ionen) angeben. Sehr viele enzymatische Reaktionen im tierischen Organismus sowie die Funktion und Struktur von Proteinen sind erheblich vom Säuregrad der Lösung abhängig.

Die pH-Wert-Skala geht dabei von pH 1 bis pH 14.

Ein Wert von 7 wird als neutral bezeichnet (d.h. Säuren und Basen sind ausgewogen), Werte zwischen 1 und 6,9 als sauer und Werte zwischen 7,1 und 14 als basisch.

- **Toxine**

Toxinen sind biogene Substanzen, die Organismen schädigen können. Das geschieht, indem sie die physiologischen Stoffwechselabläufe stören. Toxine sind eine Teilmenge der Gifte, was bedeutet, dass sie ebenfalls akute oder chronische Vergiftungen oder verschiedene Krankheiten auslösen können.

Viele Toxine werden von Mensch und Tier durch Umweltbelastungen aufgenommen. Umweltbelastungen können dabei aus Emissionen (Abgabe) und Immissionen (Aufnahme) von bestimmten Substanzen erfolgen. Ob etwas als umweltneutral, umweltbelastend oder umweltschädigend bezeichnet werden kann, hängt meist von Art, Menge und Konzentration des jeweiligen Stoffes ab sowie von seiner umweltchemischen Stabilität. Der Übergang von neutral, belastend oder schädigend ist dabei oft fließend.

Sicher ist jedoch die bestehende Verbindung zwischen einer Belastung der Umwelt und der Belastung von in ihr lebenden Organismen.

- **Stoffwechsel**

Der Begriff Stoffwechsel (auch „Metabolismus") steht für Prozesse wie Aufnahme, Transport und die Umwandlung von Stoffen in einem Organismus. Außerdem für die Abgabe von anfallenden Stoffwechselendprodukten. Unterschieden wird zwischen dem „Aufbau von organischen Stoffen" (der Assimilation), bei dem Stoffe aus der Umwelt in Bestandteile des Organismus umgewandelt werden, und dem „Abbau von organischen Stoffen" zum Zwecke der Energiegewinnung (der Dissimilation).

- **Zuckerrohrmelasse**

Melasse ist ein zähflüssiger dunkelbrauner Sirup und ist ein Nebenerzeugnis aus der Produktion von Zucker aus Zuckerrohr. Nachdem Zuckerkristalle durch das Zentrifugieren gewonnen wurden, bleibt die Melasse zurück.

Die Zuckerrohrmelasse enthält außer Zucker (etwa 60% Anteil) aber auch noch weitere Nährwerte, wie Ballaststoffe, Salz, Vitamine sowie Mengen- und Spurenelemente.

Die Zuckerrohrmelasse bildet eine wichtige Zutat bei der Aktivierung der EM Grundlösung zu EMa. Die Effektiven Mikroorganismen benötigen zur Aktivierung Energie, und diese können sie aus der Melasse beziehen.

Bezugsquellen

Vielleicht, liebe LeserInnen, haben Sie jetzt schon darüber nachgedacht, direkt mit den EM zu starten. Da stellt sich selbstverständlich gleich die Frage nach dem „Wo?".

Es gibt einige große Hersteller, die sich auf die Produktion von EM Urlösung sowie zahlreiche Produkte rund um die Effektiven Mikroorganismen spezialisiert haben.

Daneben gibt es auch viele EM-Shops, über die Sie EM-Produkte verschiedener Hersteller, Zubehör und auch weitere Literatur bestellen können.

Viele von diesen Shops finden Sie übrigens auch im Internet, und eine Lieferung erfolgt ganz bequem nach Hause.

Da dieses Buch keine Werbung für bestimmte Marken oder Shops machen möchte, wird an dieser Stelle auf Adressen verzichtet.

Sie sollen sich neutral und eigenständig für den Händler Ihres Vertrauens entscheiden können.

Wenn Sie in den gängigen Suchmaschinen Begriffe wie EM + Shop eingeben, so wird Ihnen gleich eine große Auswahl angezeigt, durch die Sie ganz in Ruhe stöbern können.

Vielleicht haben Sie aber sogar ein entsprechendes Ladengeschäft in Ihrer Nähe? Oftmals werden diese sogar von zertifizierten EM-Beratern geführt, die Sie umfangreich über das vorhandene Sortiment aufklären können. Auch in Bio-Läden oder Reformhäusern kann man zudem oft das Glück haben, dass auch einige EM-Produkte vorrätig sind.

Index

A

Algen 5
Alkohol 16
Allergie 82, 84f., 113
Allergien 63, 82, 92, 105, 111
Aminosäuren 16, 131
Anämie 94
Anaphylaxie 82
Antibiose 90
Antibiotikum 6, 52
Antihelminthika 101
Antioxidantien 17, 22, 53, 106, 127, 129
Aspergillus flavus 92
Asthma 63, 82
Atopie 82
Augen 70, 82, 86f.7, 97
Augenentzündung 85f., 88
Augenspülungen 88

B

Babesiose 94
Bakterien 5f., 10, 13, 16, 22, 50, 52, 54, 58, 65ff., 69f., 79, 86, 89, 93f., 108f., 111, 113, 119, 129, 131
Bakterienflora, pathogene 10
Ballen 65
Bandwürmer 100
Bauchspeicheldrüse 46f.
Bernstein 98
Bienen 83
Bier 16f., 130f.
Blasenentzündung 88, 89
Blasensteine 89
Blumenerden 12
Bodenbeläge 83
Bodenhilfsstoffe 12
Bokashi 22f., 29, 33ff., 36, 38, 41, 90, 93, 98, 113, 130
Borreliose 94
Braunalgen 26
Bronchitis 63, 82, 100
Brot 16, 131

C

Candida spp 92
Cerumen 110f.
Chelatverbindungen, mineralische 17
Chlor 78
Chorioptesmilben-Befall 108
Cluster 77f.
Coronaviren 92
Cortison 109
Cushing 89
Cyanobakterien 131

D

Darm 10, 43, 50ff., 59, 85, 90, 99ff., 105f., 108, 110, 116, 142
Darmanhangsdrüsen 47
Darmatonie 116
Darmflora 51ff., 59, 85, 90, 99, 101, 131
Dermatitis 106
Dermatomykose 102
Desinfektionsmittel 9, 19, 129
Diabetes mellitus 89
Dickdarm 46f., 117
Diptera 95
Dominanzprinzip 14
Düngemittel 12, 83
Düngung 11
Dünndarm 46
Durchfall 83, 90ff., 100f., 105

E

Echinacea 85
E. coli 89, 92
Ektoparasiten 93f., 101
Ektropium 86
Ekzeme 83, 85
EM blond 26
EM-Salz 27
EM-Stallreiniger 63, 75
EM-X Gold 27
Enddarm 47, 115
Endoparasiten 99
Endoplasmatisches Retikulum 55
Endozytose 56
Entropium 86
Enzyme 17, 22, 46, 49, 53
Epidermisgebilde 65
Erbrechen 83, 91, 100, 105, 115
Erythrozyten 89
Ester 16
Exozytose 56

F

Fadenwürmer 100
Fellpflege 62, 64, 66, 130
Fellwechsel 59, 107
Fermentationsprinzip 16
Fermenter 30ff.
Fleisch 23, 33, 35
Fleisch-Bokashi 35
Fliegen 74f., 95
Flöhe 83, 94
Flohhalsbänder 83
Flora 6, 11, 66f., 70f., 80, 88, 112
Fohlen 39
freie Radikale 53
Futteranbau 11
Futterergänzungsmittel 36, 41
Futtermittelallergie 84
Futterverweigerung 83

G

Galle 46, 49, 100
Gärfutter 22
Gärrest 12
Gärspund 30
Gartenbau 13, 18
Gemüse 16, 22
Gestank 60
Gesteinsmehle 12
Getreide-Bokashi 35
Getreidekörner 23
Glukagon 48
Golgi-Apparat 55
Grabmilbe 96
Granulozyten 51, 84
Großtierstall 63
Grundlösung 21f., 133
Gülle 12

H

Haarausfall 83, 94ff., 102
Haarlinge 95
Haarmilbe 96
Harngries 89
Harninkontinenz 89
Harnstoff 12, 49
Hautatmung 65
Hautflora 65
Hautpflege 36
Hautpilz 102f.
Hefen 13, 16, 32, 131
Heißhungerattacken 83
Helminthen 99
Hepatitis 99
Herbstgrasmilbe 97
Higa, Teruo 13f.
Holzimprägnierer 83
Homöopathie 81
Hormone 13, 47, 50, 57
Hufe 65, 114
Huferkrankung 113

Hunde 7, 35, 38f., 41, 61, 67, 71, 81, 98, 142
Hygiene 10, 67, 70, 88, 99, 104, 108f.
Hyperaktivität 83

I

Immunglobuline 50, 84
Immunsystem 6, 10, 50f., 53, 85, 94, 98, 106, 113
Impfungen 83
Infektion 6, 66, 102ff., 120
Infektionsflora 66
Insulin 48

J

Joghurt 16f., 131
Juckreiz 82f., 85f., 93ff., 102, 107, 110

K

Kali 12
Kalk 12
Kaninchen 7, 39, 41, 67, 71, 86, 117, 121
Karies 120
Katze 24, 45, 52, 61, 78
Katzen 7, 35, 38f., 41, 61, 65, 67, 79, 81f., 123, 142
Katzenschnupfenkomplex 86
Katzentoilette 61, 70
Keimflora 11, 32
Kelp 26
Kokzidien 92, 100
Kompost 12, 19, 22
Konjunktivitis 86
Kopfdarm 44
Krallen 64f.

L

Lahmheit 114
Landwirtschaft 9, 11f., 18, 22
Langerhans'sche Inseln 48
Läuse 95
Leber 47ff., 99f., 108
Lebertran 35
Leukozyten 89, 106
Lymphknoten 58
Lymphzellen 58
Lysosomen 55

M

Manju 26
Mauke 4, 106ff.
Meerschweinchen 39, 41, 52, 67, 71, 81, 117
Mikroben 5f., 13ff., 18, 21f., 26f., 37, 47, 50ff., 59f., 70ff., 79f., 85, 93, 106, 117, 125, 129, 130
Mikronährstoffe 13
Mikrosporie 102f.
Milben 83, 108, 111f.
Milchsäurebakterien 16, 22, 106, 131
Milz 58
Misthaufen 75
Mitochondrien 55
Mitteldarm 45f.
Mücken 95
Mykotoxine 52
Myxomatose 86

N

Nasenschleimhäute 82
Naturreis 26
Nematoden 100
Nervosität 83, 94
Nukleinsäuren 16

O

Obstipation 115f.
Ohrenentzündungen 110
Ohrenpflege 36
Ohrmilbe 96

Ohrzwang 110
Othämatom 111
Otitis externa 110
Ozon 83

P

Papain 26
Papayas 26
Parasiten 52, 67, 79, 83, 93ff., 101, 109, 111
Parfüm 83
Parvovirose 92
Peitschenwürmer 100
Peroxysomen 55
Pferd 39, 41, 45f., 52, 73, 108, 113
Pferde 7, 24, 35, 63, 73, 81, 113
Pferdegrippe 86
Phosphor 12
Photosynthesebakterien 131f.
Photosynthese-Bakterien 13, 16
pH-Wert 30, 32, 78, 132
Pilze 5, 16, 52, 65, 86, 108f., 111, 119, 131
Plastikschüsseln 83
Pollen 83, 86
Protozoen 5, 99

R

Raspe 107
Raubmilbe 96
Reinigungsmittel 33, 69, 83
Reiskleie 26
Reoviren 92
Resorption 46, 65
Rhagaden 107
Rhodospirillales 131
Ribosomen 55
Ringwürmer 100
Rotaviren 92

S

Salben 83
Salmonellen 92
Sauerkraut 16f., 22, 130, 131
Saugwürmer 99
Schimmel 83
Schimmelsporen 72
Schmeißfliegenlarven 95
selektive Permeabilität 55
Shampoos 83
Silagefutter 22
Sommerekzem 106
Spinnentiere 96
Spulwürmer 100
Stallklima 60, 63
Stallmist 12
Stallreiniger 72
Stall- und Umgebungsreiniger 36
Staphylokokken 89, 92, 94
Staupe 86, 92
Stoffwechsel 5, 54f., 59, 127, 129, 133
Strahlfäule 113, 114
Stress 17, 39, 41, 50, 52, 92, 105, 127

T

Tabakrauch 83
Teebaumöl 83
Trematoden 99
Trichophytie 102f.

U

Unruhe 83, 91, 115
Urlösung 14, 21f., 29ff., 33, 36f., 130
Urlösungen 14

V

Ventilation 65
Verhornungsprozess 65
Verstopfung 4, 115ff.
Viren 5, 65, 86, 127

Vitamine 16f., 22, 52f., 59, 64, 106, 131, 133
Vögel 39
Vorderdarm 45

W

Wasser 19, 22, 24, 26, 30ff., 47, 49, 58, 67, 72f., 76ff., 83, 88, 90f., 98, 101, 104, 115, 123
Weidepflege 73
Wundbehandlung 4, 118
Wunden 107, 118ff.
Würmer 92, 99
Wurmkuren 39, 41, 101
Wurmmittel 83

Z

Zähne 44, 120f., 123
Zahnpflege 36, 123
Zahnstein 120f.
Zecken 24, 94, 97f.
Zeckenhalsbänder 98
Zellorganellen 54f.
Zentrosom 55
Zestoden 100
Zoonose 102
Zuckerrohrmelasse 22, 29ff., 37, 130, 133
Zystitis 88
Zytopempsis 56

Über die Autorin

Als ausgebildete und geprüfte Tierheilpraktikerin und Tierphysiotherapeutin hat Carolin Caprano zusätzlich ein Fernstudium „Werbegrafik und Design“ absolviert sowie einige Semester Germanistik an der TU-Darmstadt studiert.

Zur Familie gehören, neben ihrem Mann, auch die Reitponystute Nina (Jahrgang 1989) und der Hund Puma (Jahrgang 2005), ein Sheltie-Mix.

Acht Jahre lang hat sie eine eigene Tierheilpraxis geführt. Sie betreut als Fernlehrerin angehende Tierheilpraktiker und Tierpsychologen bei der Studiengemeinschaft Darmstadt und illustriert regelmäßig Fachliteratur (hauptsächlich zu naturheilkundlichen und medizinischen Themen).

Als Autorin hat Carolin Caprano schon viele Bücher und Kursunterlagen für unterschiedliche Verlage veröffentlicht.

Kontakt unter:
www.carolin-caprano.com

Literaturverzeichnis

Consilium Cedip: Veterinaricum, 3. Auflage 2003, Redaktion Sigrun Borstelmann, CEDIP Verlagsgesellschaft mbH Ismaning bei München, ISSN 0940 – 7456

Ernst Hammes: EM und der Kreislauf des Lebens: naturwissenschaftlich – philosophisch – logisch, 4. Auflage. (Oktober 2008), Verlag Eifelkrone Musik & Buch, ISBN 978-3937640693

Franz-Peter Mau: EM Fantastische Erfolge mit Effektiven Mikroorganismen in Haus und Garten, für Pflanzenwachstum und Gesundheit, (18. Juli 2011), Goldmann Verlag, ISBN-13: 978-3442219391

Wolfgang Daubenmerkl: Tierkrankheiten und ihre Behandlung, 2. Auflage, Wissenschaftliche Verlagsgesellschaft mbH Stuttgart, ISBN 3-8047-2103-6

Carolin Caprano: Hunde und Katzen: Gesunder Darm und intakte Haut mit EM und Naturheilkunde, Auflage: 1 (14. Dezember 2016, CapKo-Books, ISBN-13: 978-3743115293

Internet

(zuletzt aufgerufen im Mai 2017)
www.emiko.de
www.spektrum.de
www.heise.de
www.em-sanierung.de
www.em-aktiv.de
www.gesund-durch-wasser.de
http://flexikon.doccheck.com

Ätherische Öle für Tiere

Die Heilkraft der Aromatherapie bewährt sich auch im Einsatz für erkrankte Tiere. Die ätherischen Pflanzendüfte wirken nicht nur angenehm oder beruhigend auf das Tierreich, sondern sie können, achtsam eingesetzt, eine nachhaltig heilsame Kraft ausüben.
Da die Tiere häufig ihre Menschen spiegeln, stellen die reinen ätherischen Öle ein wunderbares Mittel dar, um innere Prozesse zu verstehen und auf der äußeren Ebene eine heilende Wirkung zu entfalten.
Maria Schasteen weist mit diesem liebevollen Handbuch den Weg in einen neuen Heilungskosmos, der Menschen und Tiere gleichermaßen umschließt.
Die „Duftmedizin" öffnet ein Tor zu den Innenwelten unserer Haustiere, wodurch auf eine liebevolle Weise Heilung erfolgen kann!

Maria L. Schasteen
Duftmedizin für Tiere
Ätherische Öle und ihre Anwendung im Tierreich
Broschur, ISBN 978-3-86191-079-4, 224 Seiten